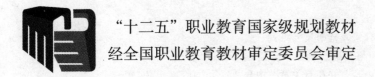

"十二五"职业教育国家级规划教材

经全国职业教育教材审定委员会审定

鞋楦设计与制作

（第2版）

丘理 等 编著

U0349832

中国纺织出版社

内 容 提 要

本书介绍了鞋楦的基础知识、鞋号及鞋楦尺寸系列、脚的结构与机能、鞋楦造型设计原理与基础、鞋楦设计与制作、鞋楦的标准检验及后身统一等内容，并在有关章节中介绍了中国鞋楦、外销鞋楦的基本设计方法，并给出了大量的设计参考数据。其中设计实例的楦底样设计图部分采用1：1的比例，可直接拓取，因此实用性较强。

本书注重基础知识与实际操作的结合，既可作为全国鞋楦设计师培训班及大专院校鞋楦基础课程教材，也可供鞋楦专业设计人员、帮样及鞋类相关设计人员阅读。

图书在版编目(CIP)数据

鞋楦设计与制作 / 丘理等编著 . —2 版 . —北京：中国纺织出版社，2015.3

"十二五"职业教育国家级规划教材

ISBN 978-7-5180-0355-6

I.①鞋… II.①丘… III.①鞋楦—设计—高等职业教育—教材②鞋楦—制作—高等职业教育—教材 IV.① TS943.53

中国版本图书馆 CIP 数据核字（2014）第 029997 号

策划编辑：王 璐　　责任校对：楼旭红
责任设计：何 建　　责任印制：储志伟

中国纺织出版社出版发行
地址：北京市朝阳区百子湾东里A407号楼　邮政编码：100124
销售电话：010—87155894　传真：010—87155801
http://www.c.textilep.com
E-mail:faxing @c-textilep.com
官方微博http://weibo.com/2119887771
北京通天印刷有限责任公司　　　　各地新华书店经销
2015年3月第1版第1次印刷
开本：787×1092　1/16　印张：14.25　插页：8
字数：220千字　定价：42.00元

出版者的话

全面推进素质教育，着力培养基础扎实、知识面宽、能力强、素质高的人才，已成为当今职业教育的主题。教材建设作为教学的重要组成部分，如何适应新形势下我国教学改革要求，与时俱进，编写出高质量的教材，在人才培养中发挥作用，成为院校和出版人共同努力的目标。2012年11月，教育部颁发了教高[2012]21号文件《教育部关于印发第一批"十二五"普通高等教育本科国家级规划教材书目的通知》（以下简称《通知》），明确指出我国本科教学工作要坚持育人为本，充分发挥教材在提高人才培养质量中的基础性作用。《通知》提出要以国家、省（区、市）、高等学校三级教材建设为基础，全面推进，提升教材整体质量，同时重点建设主干基础课程教材、专业核心课程教材，加强实验实践类教材建设，推进数字化教材建设。要实行教材编写主编负责制，出版发行单位出版社负责制，主编和其他编者所在单位及出版社上级主管部门承担监督检查责任，确保教材质量。要鼓励编写及时反映人才培养模式和教学改革最新趋势的教材，注重教材内容在传授知识的同时，传授获取知识和创造知识的方法。要根据各类普通高等学校需要，注重满足多样化人才培养需求，教材特色鲜明、品种丰富。避免相同品种且特色不突出的教材重复建设。

随着《通知》出台，教育部组织制订了"十二五"职业教育教材建设的若干意见，并于2012年12月21日正式下发了教材规划，确定了1102种"十二五"国家级教材规划选题。我社共有47种教材被纳入国家级教材规划，其中本科教材16种，职业教育47种。16种本科教材包括了纺织工程教材7种、轻化工程教材2种、服装设计与工程教材7种。为在"十二五"期间切实做好教材出版工作，我社主动进行了教材创新型模式的深入策划，力求使教材出版与教学改革和课程建设发展相适应，充分体现教材的适用性、科学性、系统性和新颖性，使教材内容具有以下几个特点：

（1）坚持一个目标——服务人才培养。"十二五"职业教育教材建设，要坚持育人为本，充分发挥教材在提高人才培养质量中的基础性作用，充分体现我国改革开放30多年来经济、政治、文化、社会、科技等方面取得的成就，适应不同类型高等学校需要和不同教学对象需要，编写推介一大批符合教育规律和人才成长规律的具有科学性、先进性、适用性的优秀教材，进一步完善具有中国特色的普通高等教育本科教材体系。

（2）围绕一个核心——提高教材质量。根据教育规律和课程设置特点，从提高学生分析问题、解决问题的能力入手，教材附有课程设置指导，并于章首介绍本章知识点、重点、难点及专业技能，增加相关学科的最新研究理论、研究热点或历史背景，章后附形式多样的习题等，提高教材的可读性，增加学生学习兴趣和自学能力，提升学生科技素养和人文素养。

（3）突出一个环节——内容实践环节。教材出版突出应用性学科的特点，注重理论与生产实践的结合，有针对性地设置教材内容，增加实践、实验内容。

（4）实现一个立体——多元化教材建设。鼓励编写、出版适应不同类型高等学校教学需要的不同风格和特色教材；积极推进高等学校与行业合作编写实践教材；鼓励编写、出版不同载体和不同形式的教材，包括纸质教材和数字化教材，授课型教材和辅助型教材；鼓励开发中外文双语教材、汉语与少数民族语言双语教材；探索与国外或境外合作编写或改编优秀教材。

教材出版是教育发展中的重要组成部分，为出版高质量的教材，出版社严格甄选作者，组织专家评审，并对出版全过程进行过程跟踪，及时了解教材编写进度、编写质量，力求做到作者权威，编辑专业，审读严格，精品出版。我们愿与院校一起，共同探讨、完善教材出版，不断推出精品教材，以适应我国高等教育的发展要求。

中国纺织出版社

教材出版中心

第2版前言

鞋，又称足衣。衣者，应兼具功能和美观。鞋楦为鞋的成型模具，鞋所具备的功能主要为鞋楦所赋予。鞋楦是鞋类设计最基础的部分，它包含了脚型的所有要素，即长度、宽度和围度等，又具有特殊的三维造型，且所有的曲面都是不规则曲面，它"似脚非脚"，在变化中蕴含着稳定，要求创意与技能兼备。所以说鞋楦是时尚与科技的结合，涉及解剖学、工艺学、美学、力学等，其复杂性远远大于鞋的帮样设计。也正因为如此，很多人放弃了鞋楦的学习，这也成为制约我国鞋类设计师成长的重要原因。针对这种情况，本书在第一版的基础上，重新调整了鞋楦的学习步骤，从认识脚型开始，到鞋楦基本知识的讲解，力求深入浅出、循序渐进，并加入了更多的图片说明，以方便广大读者的学习。

本书包括鞋楦概述、脚的结构与机能、脚型测量及其规律、脚的生物力学概述、鞋楦基础知识、鞋号及鞋楦尺寸系列、鞋楦造型设计原理与基础、鞋楦设计与制作、鞋楦的标准检验及后身统一、常用鞋楦设计实例等章节，其中设计实例部分的楦底样设计图，有些采用1：1的比例，可直接拓取，实用性较强。本书既可作为大专院校和全国鞋楦设计师培训班的鞋楦基础课程教材，也可供广大鞋楦专业设计人员、帮样及鞋类相关设计人员阅读，通过此书学习必将取得良好的效果。

在本书的编写过程中，参阅了有关书籍及文献、图片，在此对这些资料的作者们表示衷心的感谢！本书主要由丘理、王占星、章献忠编著，第七章由金轶编写，插图由金轶、王占星、张哲、林登云等制作。本书涉及面广，数据多，且编写时间紧，错误在所难免，欢迎提出宝贵意见。谢谢！

编著者

2014年10月18日于北京

第1版前言

　　楦是鞋的灵魂，一双完美的鞋楦不仅仅取决于它是否合脚、是否舒适，还要看它的造型是否优美，曲线是否流畅。鞋楦设计是鞋类设计之首，对成鞋有着重要的意义。鞋楦设计涉及医学、力学、工艺学及美学等多种学科。目前，我国制鞋领域整体科学技术基础薄弱，虽然有些制楦的生产设备比较先进，但与世界先进国家相比，在鞋楦的适脚性、舒适性、健康性、功能性等方面的研究和应用还相差一定距离，从而大大制约了我国制鞋业由大国向强国的转变。本书针对这种情况，首次通过从对鞋楦的基本分类、基本构成及基本控制点、线的认识，到对国内、国际鞋号及鞋楦系列尺寸的了解，以及对脚的生理机能及其对人体健康的影响、脚部生物力学、鞋楦创意设计基础等知识的学习，可使读者逐步认识脚与楦、楦与鞋的关系，强调"以人为本"的设计理念，志在培养高素质、高水平的技术人才。

　　本书还特别注重基础知识与实际操作的结合，在鞋楦设计与制作、鞋楦的标准检验及后身统一、鞋楦设计实例等章节中介绍了中国鞋楦、外销鞋楦、定制鞋楦的基本设计方法，并给出了大量的设计参考数据。其中设计实例部分的楦底样及楦断面设计图采用1∶1的比例，可直接拓取，因此实用性较强。本书由丘理负责统稿，本书作者均为全国制鞋生产力促进中心鞋类设计师高级培训教师，有着多年科研、教学及实际操作经验。在编写过程中，力求深入浅出、循序渐进，便于广大鞋楦专业设计人员、帮样及鞋类相关设计人员学习。此书内容作为全国鞋楦设计师培训班及大专院校鞋楦基础课程教材也将取得良好的效果。

　　参加本书编写人员及编写分工如下：

　　丘理：第二章（第二节、第三节）、第三章、第四章、第六章（第一节、第二节的一和二）、第七章（第二节）、第八章（第三节）；

　　王占星：第一章、第二章（第一节）、第六章（第三节、第四节、第五节、的一和二）、第九章；

　　樊康杰：第六章（第二节的三、四、五、六）、第七章（第一节）、第八章（第一节）；

　　金轶：第五章、第六章（第五节的三）、第八章（第二节）。

本书涉及面广，数据多，且编写的时间紧，错误在所难免。在此，我们对所出现的问题深表歉意，欢迎提出宝贵意见。谢谢！

作　者

2005年8月28日于北京

目 录
Contents

1

目 录｜Contents

Contents ｜目 录

第一章

鞋楦概述

第一章 鞋楦概述

一、鞋楦伴随着制鞋工艺的提升而诞生

鞋楦，是用来辅助鞋成型的模具，鞋楦的出现较之鞋的出现要晚，因为人类早期鞋的制作工艺比较简单，即使不用鞋楦也能制作出鞋。原始人穿鞋是直接把兽皮捆绑在脚上，这样的鞋根本用不着鞋楦。鞋楦是制鞋工艺发展到一定阶段的产物，它是伴随着制鞋工艺的提升而诞生的。欧洲制鞋历史虽然悠久，但有实物可考的鞋楦却大部分集中在中世纪（公元13~15世纪）以后。现代皮鞋楦的诞生是在英国工业革命晚期。

从目前出土的实物来看，我国应当是世界上应用鞋楦制鞋最早的国家之一。1961年我国新疆尼雅废墟出土了两只唐朝木制鞋楦，其做工已经非常精细，但是左右脚几乎没有区别。位于加拿大多伦多市的"拔佳鞋类博物馆"（The Bata Museum）有一只法国百年战争时期的木制鞋楦（约1461年），其左右脚已经开始有所区别。瑞士苏黎世舍嫩韦德（Schonenwerd）小城的"BALLY鞋类历史博物馆"（BALLY'SHOES HISTRORY MUSI-UME）陈列着一只古代埃及鞋楦，其形状远不如我国唐朝的精致。

在英国伦敦时装学院（前伦敦Cord Winner制鞋学院，该学院在鞋类设计方面大师辈出）收藏着一只来自荷兰阿姆斯特丹的1375年的普廉鞋（poulaine，这是皮鞋出现之前用于保护布鞋的一种套鞋），虽然该鞋没有鞋楦，可是从它的造型特点上基本可以看出经过鞋楦定型后的特征。值得一提的是，17世纪德国曾出现了两位著名的制鞋大师，一位是德国诗人汉斯·萨克斯（Hans Sachs，1594~1676）（图1-1），另一位是被马克思誉为"自然辩证法之父"和"17世纪哲学伟人"的德国哲学家雅各布·布梅（Jacob Boebme，1575~1624）。从两位大师当年曾就职的普鲁士浮兹堡鞋业同业公会所收藏的实物资料来看，那一时期的皮鞋还不能称为现代皮鞋。

图1-1 德国诗人汉斯·萨克斯笔下的17世纪普鲁士鞋匠

图1-2所示为1684年尼德兰一个制鞋作坊的工作场景。图1-3所示为18世纪荷兰制鞋小作坊。

图1-2　1684年尼德兰（今比利时与法国北部地区）
一个制鞋作坊的工作场景（油画）

图1-3　18世纪荷兰制鞋小作坊
（石版画鞋楦已经接近现代鞋楦）

二、鞋楦的发展与社会生产力的发展水平密切相关

纵观我国鞋楦设计，从封建社会中叶开始一直到清王朝结束，一千多年始终没有取得大的发展，这与我国社会生产力的发展水平密切相关。与中国不同的是，欧洲文艺复兴之前鞋楦设计水平与我国基本相差不大，但是文艺复兴以后，尤其是在欧洲工业革命之前，西方人以科学的实证主义精神取代了中世纪沉闷的封建宗教束缚，近代自然科学蓬勃兴起，西欧国家的鞋楦制作技术在这一时期超越了我国。

在欧洲，英国率先完成了工业革命，成为世界头号经济强国，其制鞋技术也处于世界一流水平。早在1825年，位于英格兰西南部萨默塞特郡，克拉克公司制造的羊皮拖鞋和皮鞋，就已经达到相当高的水平，克拉克皮鞋还曾于1851年获得由英国维多利亚女王的丈夫阿尔伯特王子颁发的两项大奖。图1-4所示为克拉克公司最早用于切割鞋底的机器。

图1-4　克拉克公司最早用于切割鞋底的机器（1866年）

其实，在 19 世纪初期，世界各地的皮鞋制造技术就已经大致具备现代特征了。1880 年，世界上公认的第一双现代皮鞋诞生在英国已故王妃黛安娜的故乡——北安普顿郡乡间的依亚士·巴顿小镇（Northampton shire village of Earls Barton）雅查·佰佳士父子所开的皮鞋作坊里（香港港九鞋业公会陈棠先生的讲话）。这家老店至今已有 120 多年的历史。佰佳士父子之所以被国际制鞋界尊崇为近代皮鞋制造的祖师，是因为他们正式确立了一套世界各国基本沿用至今的现代皮鞋设计数据和制鞋理论，并且他们的皮鞋品质代表了当时英国手工制造皮鞋的最高水平，号称精美高贵、永不走形。18 世纪，美国、意大利、法国、德国的一些著名鞋匠制作的皮鞋已经十分精美，只是通行于世界的设计方法还没有形成。按照陈棠先生的说法，世界上第一只现代意义上的鞋楦也诞生在北安普顿，因为鞋楦是皮鞋的母体，所以说具有现代意义的皮鞋鞋楦也必定具有现代意义。

英国的北安普顿郡至今仍是世界一流的皮革和皮鞋的生产基地。在这个昔日英格兰传教士的故乡，每年来自世界各国专门为政府首脑和高层人士定制顶级皮鞋的订单不断。位于北安普顿市中心的北安普顿大学鞋靴设计系的学生在世界级的鞋类设计大赛中屡获殊荣，世界上的第一本大学本科鞋楦教材也诞生于此（《THE TEXT BOOK OF LAST MAN-UFACTRUER TECNICLL》，1905 年）。在北安普顿郡北部莱斯特市的德蒙福特大学（The Demon fort University）有一个著名的鞋楦研究中心。德蒙福特大学鞋类设计专业负责人罗伯特·陈（Robert Chen，英籍华人，鞋类设计与制造博士生导师）从医学角度对楦体的舒适性进行专门研究，在特殊矫形鞋楦设计方面颇有造诣。莱斯特市也是英国制鞋企业集中的区域，世界最大的鞋类检测机构 SATRA 总部和大英联合制鞋机械公司（USM 公司）均坐落在此。100 多年来，许多鞋楦方面的最新数据标准都发源于莱斯特市。

在英国伦敦詹姆斯大街上，也有一个很有名的百年制鞋老店——LOBS 鞋店。据说它至今仍完整保存着世界各地曾在店里定制鞋的名人的脚型图纸。在这个鞋店的地下室中，每一张图纸都能找到与之相应的鞋楦。第二次世界大战期间，作为镇店之宝的这些鞋楦险遭纳粹炮火袭击。如今，如果要在 LOBS 定制一双经典的三节头纯手工皮鞋，至少要提前一年预订，并且还要再等一年时间才能提货。

那么，世界上第一只机制鞋楦诞生在哪里呢？是美国。1812 年，美国马萨诸塞州苏顿兵工厂的托马斯·布兰查德（Thomas Blanchard）工程师用步枪枪托机刻出了人类第一只机制鞋楦。从此，刻楦机的广泛应用使成千上万的鞋楦工人摆脱了繁重的体力劳动。美国不仅诞生了世界上第一台刻楦机，而且还诞生了一个鞋匠家庭出身的总统——亚柏拉罕·林肯。世界上许多人都知道林肯曾在美国参议院说过一句名言："虽然我在制鞋的技艺方面永远不可能超过我的父亲，但是我在管理我们的国家方面却不会使我们的人民失望"（"In the way of shoemaking technology I could never catch up with my father, but I couldn't make our people disappointed in nation management"还有一种说法是："不错，我父亲是个鞋匠，但我希望我治国能像我父亲做鞋那样的娴熟高超。"）。图 1 - 5 所示为 1904 年英国机制折叠式鞋楦。

图 1 – 5　1904 年英国机制折叠式鞋楦

三、通行于世界的几个鞋楦设计体系

自从英国诞生了规范的鞋楦设计方法以后，它便伴随着英国的殖民扩张迅速传遍世界各地。在欧洲，它大概通过南欧、中欧、北欧三条途径进行传播，在世界其他地区——主要包括澳洲、北美、亚洲，它的传播也几乎与欧洲同步。现代皮鞋设计在欧洲传播时，其基本设计方法和操作步骤没变，但造型风格和数据换算却产生了差别。

1. 南欧

南欧以意大利和西班牙为代表，这一分支的特点是楦型偏瘦、造型时尚，女鞋尤其如此。近 40 年来，以意大利为代表的南欧时尚女鞋一直引领世界潮流。这一地区位于地中海沿岸，温暖湿润的地中海气候要求鞋子透气、轻薄，再加上意大利是文艺复兴的发源地，艺术设计水平世界一流，所以这一流派以时尚设计见长。另外，意大利与法国接壤，语言同属拉丁语系，自身又受法国文化影响较深，1936 年意大利政府还公派首批 30 名留学生到法国学习制鞋技术，所以它们的鞋楦设计方法与法国大体一致（少数地区也用英码）。位于南欧的西班牙与葡萄牙也都是制鞋强国，它们的制鞋技术直接影响了拉丁美洲的巴西、哥伦比亚、委内瑞拉、阿根廷等国，一些拉丁美洲老一辈的制楦师傅大部分都是 19 世纪西班牙和葡萄牙移民的后裔。

2. 中欧

中欧鞋楦设计以法国、德国、捷克斯洛伐克、瑞士、比利时为代表，它们的鞋楦大部分采用法码（德国和捷克斯洛伐克例外，德国皮鞋楦的设计英码、法码并用，捷克斯洛伐克除使用法码外还使用本国的捷克码），楦底样设计与法国几乎一致，所以法码又称欧洲大陆码。中欧的鞋楦设计以男鞋楦为主，不过一些高档女鞋楦也设计得非常出色。位于德国的法古斯（Fagus，德语意思是一种生长在德国的最适合制作鞋楦的落叶乔木）鞋楦厂是世界上最大的鞋楦生产厂家，它独特的厂房设计世界闻名，因为它是世界著名建筑设计大师瓦特尔·格罗皮乌斯和阿道夫·迈尔设计，是立体主义建筑风格的代表之作，它所生产的鞋楦是世界公认的"优质鞋楦"（图 1 –6 ~ 图 1 –9）。

德国是欧洲近代哲学和现代自然科学的重要发源地，德国人思维偏重于理性，做事风格严谨，鞋楦造型前卫中带有理性，严谨中蕴含着大气，这些都与德国男性的气质相吻合。1924 年创立于德国巴伐利亚州纽伦堡市赫尔佐根奥拉赫小镇的阿迪达斯运动鞋公司和 1947 年与之分离的彪马运动鞋公司在专业运动鞋楦研究方面成果卓著，是世界鞋楦发展史上的一个里程碑。位于德国皮尔马森斯的国家制鞋研究所对制鞋环保的测试研究也一直居于世界领先水平。

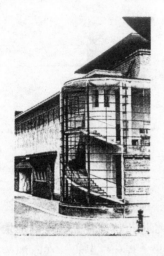

图 1-6　建于 1913 年的法古斯鞋楦厂
外观图（一）

图 1-7　建于 1913 年的法古斯鞋楦厂
外观图（二）

图 1-8　法古斯鞋楦公司 1882 年的刻楦机（摄于 1930 年）

（1）原木选择

（2）木料裁断

（3）成型楦坯

图 1-9　法古斯鞋楦公司的木楦坯加工流程（摄于 1928 年）

　　在中欧，捷克斯洛伐克的制鞋业曾经世界闻名，"二战"以前，世界最大的皮鞋厂就是位于捷克斯洛伐克兹林市（原哥特瓦尔德夫市）的拔佳（捷克斯洛伐克"光明"鞋厂）鞋厂。捷克斯洛伐克在"二战"之前曾在世界发达国家中排名第六，工业基础雄厚，它是世界上第一个全面实现制鞋机械化的国家，拔佳皮鞋在 1939 年之前畅销世界各地，包括我国北京（店址位于今东城区苏州胡同）、天津、上海（店址位于今淮海中路），日本的东京、大阪以及东南亚的泰国、印度等地都设有加工分厂。捷克斯洛伐克的鞋楦风格多样，大部分供应外销，而且捷克斯洛伐克对于鞋楦的研究非常系统而透彻。捷克斯洛伐克的鞋业发展得益于一位在制鞋领域具有天才般创造力的人物——托马斯·拔佳（Tomas Bata）。他早年到美国福特汽车公司学习先进的管理方法，之后，他结合企业特点创造出了一套新的生产管理理论——拔佳管理方法。这两套管理学经典理论至今仍然是美国哈佛大学商学院和爱尔兰国立都柏林大学以及日本东京大学 MBA 的必修课程。拔佳鞋厂运用科学的管理方法不仅对捷克制鞋业做出了杰出贡献，而且在制鞋和鞋楦制造设备方面也取得了突出成就——拔佳先生把捷克斯洛伐克先进的机械制造技术引进到制鞋领域，使得捷克斯洛伐克在制鞋凸轮连杆传动机械制造方面走在世界前列。捷克拔佳基金会每年都提供奖学金资助具有优良品质及创新精神的年轻人进一步深造，因为拔佳本人信奉："如果一个人想创造出一项伟大的工作，他首先要具备一个高尚的人格。"

在中欧，瑞士的制鞋技术也很先进。坐落在瑞士苏黎世郊区舍嫩韦德小城的巴利（BALLY）鞋业公司是一家具有 150 年历史的世界知名公司。以它为代表，瑞士鞋楦的设计风格可以窥见一斑。巴利公司在舍嫩韦德设有瑞士一流的鞋类技术中心、测试中心和博物馆，它聚集了一批人体生物力学和鞋类材料学专家，专门致力于高尔夫球鞋的研发，这使得巴利公司高尔夫球鞋的设计技术领先于世界。瑞士皮鞋楦造型高雅之中蕴含时尚、严谨之中体现精致，这是其主要特征。瑞士位于德国和意大利之间，它的鞋楦设计风格既有德国的理性，又有意大利和法国的浪漫元素，瑞士巴塞尔工业设计学校鞋类设计专业的教学理念——寓理性于变化之中，就很好地体现了这一风格。

3. 北欧及东欧

北欧及东欧鞋楦的设计风格一致。北欧，泛指地处欧洲北部的一些国家，包括荷兰、丹麦以及斯堪的纳维亚半岛的瑞典、挪威、芬兰、冰岛和波罗的海沿岸的俄罗斯、波兰、立陶宛、爱沙尼亚等一些东欧国家。由于北欧气候寒冷，所以这一流派的鞋楦偏肥，略显厚重。北欧国家冬季时间漫长，人们的消费理念为舒适、自然、安全、环保，鞋的品种以棉鞋、皮靴为主。丹麦的哥本哈根、挪威的奥斯陆、俄罗斯的圣彼得堡都是近代著名的皮鞋产地。北欧皮鞋以丹麦的 ECCO（爱步）为代表。ECCO 主要生产休闲皮鞋，它的鞋楦肉体饱满，棱角不明显，这主要与其"设计世界最舒适的鞋子"的设计理念有关。ECCO始终把舒适性放在首位，并运用现代生物力学技术来指导楦型开发，再加上美国总统布什和丹麦王室为其宣传造势，使得 ECCO 这一具有斯堪的纳维亚艺术风格的鞋类品牌近年来消费指数迅速攀升。在北欧国家中，除俄罗斯采用法码之外，其他国家一般采用英码，但是楦底样设计数据接近法国。

4. 其他地区

除欧洲以外，世界上其他国家的鞋楦设计方法也是在欧洲设计体系的基础上加以演化。英联邦国家（加拿大、澳大利亚、新西兰、南非、印度、巴基斯坦、新加坡等）均以英国方法为主，单位换算采用英寸制，号差以 1/3 英寸为一计量单位，鞋号以楦底样长为依据。新中国成立前，我国皮鞋号采用标准法码，20 世纪 70 年代以后，中国内地、日本、东欧诸国、中东伊斯兰国家的楦底样设计均采用公分制，鞋号以脚长为依据（捷克斯洛伐克鞋楦设计以楦底样长为依据），与国际标准鞋号（Monde Pointe）尺寸基本相同，两者局部稍微有些差别。现台湾地区大部分采用美码和英码，台北市也有采用上海尺度测量方法的。美国虽然采用英码，但它的鞋号比英国鞋号小一些（1/12 英寸），美国通用鞋号（Custom size，又叫美国大陆鞋号）比美国标准鞋号（Standard size）和美国波士顿鞋号（Boston size）大一些。非洲大陆和拉丁美洲前英法殖民地国家，使用英码、法码者参半。东南亚国家则大部分用英码。从目前来看，采用楦底样长来制定鞋号的国家占据多数，同时，同样是以楦底样长为依据的楦底盘设计方法，近 20 年来也衍生出了截然不同的两种方法，一种是黄金分割法，另一种是前掌凸度点垂线法。

四、运动鞋楦的发展

了解了世界皮鞋楦的发展概况后，再来看一下运动鞋楦的发展历程。运动鞋楦设计在整个鞋楦设计中也是一个重要分支。运动鞋楦不像皮鞋楦那样风格多样，并且它的出现也比皮鞋楦晚很多。从阿迪达斯到彪马再到后来的耐克和锐步，运动鞋楦运用现代科学技术进行设计也只是 20 世纪 70 年代的事情。总体上，我们可以用下面几个字来概述运动鞋楦的设计思维，即"功能大于造型"。

不过，20 世纪末期，运动鞋设计也开始向时尚方向转变。彪马公司便在这一时期转型成功。耐克公司最近推出了一种可以移动、弯曲和扭转的鞋楦（图 1-10），它可以像人脚一样自由变化，完全突破了传统鞋楦的设计理念，并且代表着未来鞋楦设计的一种走向。

图 1-10　耐克公司推出的可以移动、弯曲和扭转的鞋楦

五、我国鞋楦的发展

东方文明主要是东亚文明，而东亚文明的代表又是中华文明。以下主要讲述我国鞋楦的发展历史。我国早在唐代就开始使用鞋楦，然而一千多年来没有发生太大变化，其间虽然历朝历代都有鞋靴制作的能工巧匠涌现，但至今没有流传下来一只接近现代特征的鞋楦。我国第一双现代鞋楦诞生于何时何地？答案已经无从查考，一般认为大体在鸦片战争前后。我国首批鞋楦师傅应该诞生于海外华侨和外商在华开办的楦厂之中。鸦片战争之前，广州作为清朝政府唯一允许对外开放口岸，大批广东人到海外谋生。早期珠江三角洲和广东沿海地区的华侨大部分从事贸易和手工艺行业，在小手工艺行业中又以理发、裁缝和制鞋居多。广东沿海的江门、台山、香山（今中山市）的海外华侨归国后又将技艺传授于当地后人。中国民主革命的先驱者孙中山先生就出生于一个制鞋家庭。中山先生之父孙达成早年在澳门一家葡萄牙人开办的高档皮鞋店中学得一手精湛的制鞋技艺，在澳门省吃俭用地工作，几年之后存得一笔资金，回乡娶妻生子、买田置地，生活从此才得以好转。1842 年香港开埠以后，英国先进的制鞋技术传入香港，之后，再由香港传入广州，广州大新路一些百年鞋楦老作坊便诞生在此时。那时，广州皮鞋作坊的主要服务对象是外国领事馆区（今沙面白天鹅宾馆附近）的外国侨民，鞋楦主要供应一些外国洋行开办的皮鞋店。在黑龙江，一些早期在俄罗斯海参崴（现俄罗斯符拉迪沃斯托克市）远东鞋楦厂工作的华侨归国后，将鞋楦制作技艺传入了东北地区。

鸦片战争以后，中国的门户被打开，外国人纷纷进入各通商口岸设立皮鞋店。1851 年上海雕刻木匠王阿容因不满当时上海县令的压迫改行转制鞋楦，创立了王记鞋楦作坊并且成功制作出第一双现代鞋楦，之后，其第二代传人顾三生于 1876 年指导浦东人申炳根自刻鞋楦制成第一双现代皮鞋。王记鞋楦具备相当高的鞋楦制作水平，当时上海的大部分外商皮鞋店，如捷商的拔佳、日商的高冈、德商的美最时、英商的华革等都是由王记鞋楦供货。当时，上海鞋楦行业分工较细：浦东帮专业制作皮鞋楦，绍兴帮专业制作布鞋楦，常州帮专业制作女式翻鞋楦，苏北帮专业制作童鞋楦和后跟。新中国成立后王记鞋楦于 1958 年和其他几个鞋楦合作社转为地方国营上海鞋楦厂。

除广州和上海外，我国其他通商口岸鞋楦制作业也得到了快速发展，天津、汉口、厦门、沈阳、大连、福州、青岛等地鞋楦制作业蓬勃兴起。五四运动之后，蔡元培先生组织了一批赴法勤工俭学的中国留学生，其中一部分也进入了制鞋行业。邓小平和王若飞同志当时就在法国蒙塔日市的哈金森鞋厂工作（哈金森鞋厂是当时法国最大的胶鞋厂，车间厂房全部由巴黎埃菲尔铁塔设计师古斯塔夫·埃菲尔设计，这些厂房如今保存完好）。

据了解，当时也有部分人从事制楦工作，不过后来大部分人都投身于革命事业或改行。1929 年，南京国民政府的军需制鞋实验工厂开始采用机器刻楦，这是我国首家机械化生产鞋楦的厂家。日军侵华期间，在沈阳、天津、汉口、广州等地开设了一批军需制鞋厂，基本上采用机器刻楦，这也是我国新中国成立前大部分军鞋采用日本鞋号的原因。到新中国成立初期，我国鞋楦业已经造就了一批技术精湛的制楦名师，新中国成立后，我国又借鉴捷克斯洛伐克和苏联的设计方法，继续提升我国鞋楦设计技术。1965年，轻工业部对全国300万人次进行了世界上规模最大的一次脚型测量及数据采集，这次测量采集的数据为后来中国鞋号及鞋楦标准的制定奠定了基础。1982年轻工业部制鞋研究所（现中国皮革和制鞋工业研究院前身）根据第一次全国脚型测量数据专门制定了国家标准GB3293—1982《中国鞋号及鞋楦尺寸系列》，2001~2004年，国家科技部又委托中国皮革和制鞋工业研究院进行了全国第二次脚型测量，利用采集的脚型数据对《中国鞋号及鞋楦尺寸系列》标准进行了修订。

改革开放以来，我国鞋楦业焕发出勃勃生机。广东凭借历史悠久的海外关系，最早开始与国外合作。改革开放伊始，在我国投资的众多外资企业中，首家外资企业就是深圳的一家港资手袋厂，该厂随之又增加了制鞋业务。此后，一些港资制鞋企业纷纷落户珠江三角洲，采用"三来一补"的加工方式，使广东鞋楦业面貌一新，许多款式新颖、造型前卫的外销楦型被内地厂家争相仿效。进入20世纪90年代，一些外资、合资和私营鞋楦制造企业取得快速发展，全国四大制鞋区域（广东、温州、晋江、成都）的鞋楦生产厂家总数超过千家，年产各类鞋楦达20亿双。时至今日，我国鞋楦设计在造型方面已经与世界接轨，但是在楦体的机理性，如功能性、舒适性、健康性等方面仍与国外有较大差距，生物力学、人体工效学等高科技在鞋楦上的应用还亟待研究。希望在广大制鞋科研工作者的勤奋努力下，中国的鞋楦设计技术能够走向全面振兴！

复习题

1. 现代皮鞋的发源地在哪里？
2. 有实物可考的鞋楦最早出现在哪个时代？
3. 世界上第一只机制鞋楦是诞生在哪里？
4. 南欧、中欧、北欧的鞋楦各有什么特点？
5. 孙中山的父亲孙达成在哪里学的制鞋技术？
6. 上海的雕刻木匠王阿容在哪一年自制了第一双鞋楦？
7. 我国第一家机制鞋楦厂诞生于哪里？
8. 我国第一个鞋楦国家标准 GB 3293—82《中国鞋号及鞋楦尺寸系列》诞生于哪一年？
9. 简述我国鞋楦的发展史。

第二章

脚的结构与机能

第二章　脚的结构与机能

第一节　了解脚

脚是人体运动器官的一部分，与人体其他部分一样，执行着一定的生理功能，在组织构成和解剖结构上有其特殊之处。脚是由神经、血管、上皮、骨骼、骨骼肌与关节组成，它的功能是维持人体静态和动态的姿势与活动，对人体起到支持与平衡作用，即支撑体重、吸收震荡、传递运动等作用。脚经过特定训练，可以完成手能做的大部分动作。像日本电影《典子》中的典子，在日常生活中用脚代替手来做事；2004 年一位"特殊"的高考考生，用脚来书写答卷；最让人感动的，是我国沈阳的一位 18 岁脑瘫少女，坚强面对生活，用脚织毛衣、折千纸鹤，还用脚趾握笔，写下了 3 部小说和大量的散文等。

鞋从属于脚，为脚服务，鞋楦作为鞋的母体，要以脚为设计依据，脚的结构、特征都是鞋楦的参考。我们了解脚的意义，是为了更好地指导鞋楦设计，对鞋的适脚性、舒适性及健康性进行研究。

一、脚的进化及类型

大约四亿年前，脊椎动物从海洋爬到陆地，逐渐形成了四肢，进化成的哺乳动物能够在陆地上自由奔跑，为人类的进化打下了基础。直至两千万年前，类人猿进化成人的过程中，即从四肢行走的动物到直立行走的人，手脚都发生了很大的变化。解放了的双手，能够使用工具，促进了大脑的发育增加了智慧，从而创造了世界，发展了生产力；脚为了支撑体重和行走，成为现在的形态。当然，直立行走的人体仍是一种不稳定的力学结构，但我们不能否认进化的成就是伟大的。

在人类的进化过程中，脚为了适应直立行走，做出了巨大的"牺牲"，逐渐失去了抓、捏、提、推等功能，在大脑皮层的运动及感知区域变得狭小。脚的形态也发生了变化，如图 2-1 所示。

从猿到人脚骨骼的变化主要有几点：前足变短、后足增大；由三趾最大变为拇趾最大；第一跖趾内收逐渐减小，几乎与另四趾平行；跟骨后下方延长，形成足弓，如图 2-2 所示。

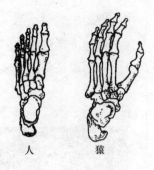

图2-1 人脚与猿脚的比较

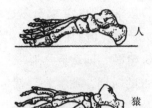

图2-2 人脚形成足弓，猿脚没有足弓

由于种族、生活环境、生活习惯等的不同，脚的形状也不尽相同，按照国际人类学分类标准，现在世界上比较常见的人类脚的类型大致分为四种：埃及型（大脚趾长）、希腊型（二脚趾长）、一二趾等长型、方型等，如图2-3所示。

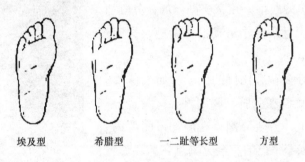

埃及型　　　　希腊型　　　一二趾等长型　　　方型

图2-3 脚的主要类型

我国脚型的基本形态主要包括埃及型脚及希腊型脚，其中埃及型约占60%，希腊型约占30%，另有少部分一二趾等长型及方型。

除了上述正常四种常见脚型以外，还有六类非正常脚型：高弓足、扁平足、拇内翻、拇外翻、跟内旋、跟外旋，如图2-4所示。

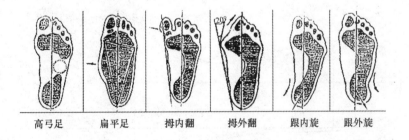

高弓足　　　扁平足　　　拇内翻　　　拇外翻　　　跟内旋　　　跟外旋

图2-4 六类非正常脚型

二、脚与黄金分割

毕达哥拉斯是著名的思想家、哲学家和数学家。他从事了多方面的研究，其中包括天文、美学、音乐、数学和自然学，观察所有的动物，包括人类和天上的飞鸟，乃至海里的鱼、昆虫等，去证明他对黄金分割这一个完美比例的信念。他和古希腊的许多数学家用毕生精力去研究比例，他们把美妙的比例分为十级，最高级的，亦即最美丽的比例，就是奇妙的小数"0.618"，即黄金分割。

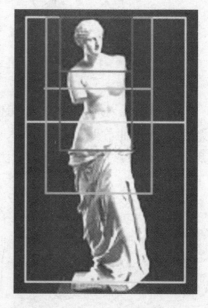

自从远古的时期，黄金分割就是在建筑、雕刻和绘画上人们公认的美的法则。拥有完美比例的事物比比皆是。金字塔的高度与底部边长成黄金比例；你每天所看的报刊文章，无论把它对折多少次，它的长宽比都呈现出黄金比例；文艺复兴时期，著名画家、解剖学家达·芬奇通过人体解剖的测量和研究，发现人体结构中许多比例关系接近0.618。如古希腊神话中的太阳神阿波罗的形象、女神维纳斯的塑像（图2-5），分别代表男女形体美的典型，并完全符合黄金分割律，美妙绝伦。全身不但呈现静中有动的平衡感，同时还是黄金比例的完美呈现。

人体结构中有许多黄金比例的例子，如人体（总身高）的黄金分割点就在肚脐；膝部以上，黄金分割点在胸部；髋部以上，黄金分割点在肩部；面部的黄金分割点在眼眉；眼至下巴的黄金分割点在鼻孔位置，等等。

图2-5　希腊雕塑维纳斯

黄金分割也同样适宜脚部。一双完美的脚，脚总长的黄金分割点就是脚前掌弯折部位，又称前掌着力点，位于第一、第五跖趾关节的连线上（图2-6）。脚跖趾围长与脚掌宽度也呈黄金分割关系，跖趾围长减去0.618，正好是脚掌宽度；脚前掌宽度与后跟宽度同样呈黄金分割关系，后跟宽度等于0.618脚前掌宽度。

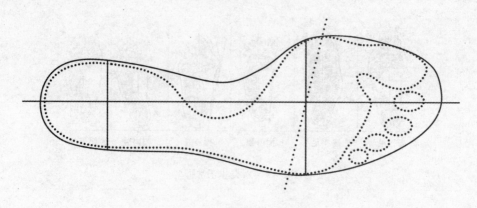

图2-6　脚的黄金分割点

德国有一种鞋楦设计方法黄金分割设计法，它把黄金分割规律巧妙地融入了鞋楦设计之中。无论长度、宽度、还是围度，处处都是以黄金分割比例来设计，非常巧妙地把繁琐的数字用黄金比率来计算，如图 2－7 中 AC 与 CB 便由黄金分割比例取得，这是德国本土鞋楦师傅们最喜爱使用的一套方法。

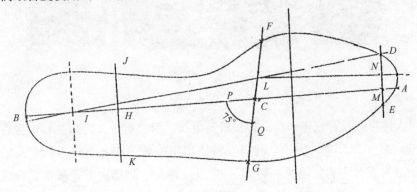

图 2－7　德国黄金分割体系楦底样图

（图片来源：德国菲利普·格吕尼《鞋楦》）

第二节　脚的结构与生理机能

一、脚的发生、发育过程

脚的发生过程是指胎儿在母体中的发育过程，一般为胚胎发育的第 4～第 8 周。4 周末，外侧壁出现小的突起，称肢芽。上肢芽是手（比脚早 2 天），下肢芽是小腿和脚。

初期，下肢芽末端呈鳍状，而后芽远侧渐渐变扁，形成船桨状的足板。在其边缘部位形成足趾（图 2－8）。

图 2－8　脚的发生过程

脚的发育过程，是指脚在出生以后各个阶段的变化。首先是生长期，从孕育开始。1 岁时脚的生长速度开始加快，1～2 岁长得最迅速；在 5～7 岁，脚长有一个生长高峰期，女童比男童发育较早，7～9 岁时，有部分女童脚长大于男童，在 10 岁左右，男女童脚长差异逐渐变大，男童平均脚长大于女童平均脚长。青春期约 13～15 岁。脚骨骼长度已与成人相近，基本停止生长，但骨骼骨化融合、关节发育还在继续。儿童足部发育过程图，见图 2－9。

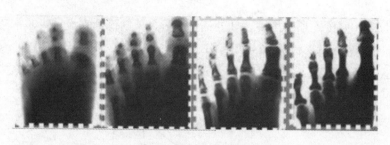

图 2 - 9　儿童足部发育过程图

从左往右依次为 6 个月、2 岁、8 岁、18 岁

　　从我国人体形态发育规律来看，脚长最先生长，腿与躯干在之后生长，青春期坐高是身体的 52%，成人为 53% ~ 54%。我国经常使用用脚长预测儿童成人后身高的系统，就是以"脚长最先发育"为依据的。到 17 ~ 20 岁，脚骨、脚部关节等基本发育成熟，称之为成熟期；人到中年 40 ~ 45 岁时，脚出现退行性变，即老化现象开始，又称之为老化期。如骨质中无机盐含量增多，有机物减少，骨的脆性变大，易发生骨折。

　　脚从婴儿期经儿童期、青春期到成人，随着四肢的发育，在骨骼生长、关节结构上产生一系列变化。在这个过程中，如出现障碍、损伤，则可引起不同程度的畸形，使它对人体所起的支持与平衡功能受到影响。

　　在脚的发育过程中，会由于先天性因素、外伤、营养不良、疾病、穿鞋不当等原因引起发育异常与畸形，比较常见的有扁平足、拇外翻、踝关节韧带损伤等。

　　踝关节韧带损伤是外伤或其他因素引起的踝关节损伤，在日常生活中非常多见，其发病率在各关节韧带损伤中占首位。如果治疗不及时或不当，会造成踝关节不稳定，时常出现扭伤。久而久之，可继发粘连性关节囊炎、创伤性骨关节炎等，导致疼痛、功能障碍，影响到儿童今后的生活，特别是对体育、舞蹈活动影响更大。为了保护踝关节的稳定，尽量避免上述情况的发生，婴幼儿应以穿高出脚踝的靴式鞋为主。

　　扁平足症分先天性和后天性。先天性平足症多为骨结构上有畸形。后天性平足症是指脚本无结构与功能上异常的患者。少儿期是最易引发此症的期间。因此时儿童身体生长发育迅速，足肌力量很难适应身高、体重和活动量的急剧增加。像营养不良，身体过于瘦弱；营养过剩，身体肥胖体重加大；或缺乏步行、跑、跳等锻炼，足肌不够坚强；或长久站立；或穿着不适合的鞋等，均可造成足弓下塌，患平足症。平足不能吸收运动对脊柱和颅脑的震动，也不能长期站立和行走。

　　拇外翻是脚趾常见畸形，女性发病率高于男性，其最重要的原因是穿着高跟尖头鞋。人在行走过程中，脚趾因惯性运动而在鞋尖部受到挤压、束缚，导致拇趾强迫外翻。儿童期应禁穿高跟尖头鞋。

二、脚的解剖知识

　　人的双脚是由骨骼、关节、肌肉、韧带、神经、血管、足弓以及皮肤所构成，图 2 - 10 展示了脚部骨骼。

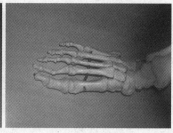

图 2－10　脚部骨骼

1. 脚部骨骼

骨骼是人体的支架，具有保护脑、脊椎及心、肺、肝、肾等内脏器官的功能，骨骼还具有造血功能。

骨骼由骨膜、骨密质、骨松质构成。骨内组织是骨骼构成的基础。骨骼的外层由骨密质构成，内部由骨松质构成，骨松质由骨小梁构成，骨松质中间分布着红骨髓。骨骼外部覆盖着骨膜，血管和神经经过骨膜深入到骨骼的内部。

骨骼的成分是一种复合材料，它的主要成分为有机物和无机物。有机物主要是由骨胶原纤维和粘多糖蛋白组成，性质软，易变形；无机物主要由氢氧磷灰石组成，性质坚硬，脆，易断裂。儿童骨质中，有机物含量较高，易变形；老年人骨质中无机物含量较高，易骨折。骨的构造有骨组织、疏松结缔组织及神经组织。

人体单脚上的骨骼为 26 块，分跗骨、距骨和趾骨三大部分，图 2－11 所示为脚部骨骼。

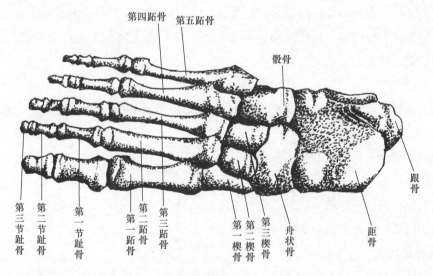

图 2－11　脚部骨骼

跗骨位于脚的后半部。由距骨、跟骨、舟状骨、骰骨和第一、二、三楔骨组成。跗骨周围分布着十二块骨骼构成了足弓：它们分别是距骨、跟骨、骰骨、舟骨、三块楔骨和五块跗骨。

跗骨中的距骨是足部活动关联最广的一块骨骼，它位于小腿和跟骨之间。它的所有表面都与周围的骨骼相关联：在内踝区域它的上表面和内表面与胫骨相连接，在外踝区域它的外表面与腓骨相连接，在中心区域它的下表面与跟骨相连接，距骨的前端又与舟状骨相连接。同时，距骨是人体所有关节中收到冲力最大和碰撞最为频繁的骨骼。

跟骨是跗骨的最大骨骼，它位于距骨下方。跟骨由跟骨体和凸出的大块粗糙的跟结节构成。跟骨体关节面与距骨相连接，而前关节面则与骰骨相连。骰骨位于脚的外侧缘，它在跟骨前面，其后部关节面与跟骨相连。它的前部关节面与第四、第五跖骨相连。舟状骨位于脚的内侧缘，其后关节面与距骨相连。楔骨位于舟状骨前面，第一楔骨与第一跖骨相连；第二楔骨与第二跖骨相连；第三楔骨与第三跖骨相连接。

跖骨在脚的中部，自内向外依次为第一～第五跖骨，其中第一跖骨最短且坚强。

跖骨的长度和粗细各不相同，第二跖骨最长，第一跖骨最短。第五跖骨后端的外侧有一外凸点，称为第五跖骨后粗隆。该点是测量跗围点的一个标志点。

趾骨在脚的前部，共14节，除拇趾为2节外，其余为3节。

2. 脚部关节

骨与骨之间连接属于活动范围很大的可动连接，叫关节。脚部主要关节有踝关节、跗骨间关节、跗跖关节及跖趾关节。

踝关节是一个非常重要的运动关节，为负重关节。在上下楼梯、跳跃、登山等活动中，起着重要的作用。

跗骨间关节为距舟、距跟和跟骰三关节。主司脚的内翻、外翻、内收、外展等活动。

跗跖关节是跖骨与骰骨、楔骨之间的关节，可因外伤引起脱位，其中第一楔骨与第二跖骨间的韧带是主要的稳定结构。跖趾关节是跖骨与趾骨之间的关节，对鞋楦设计而言，是一个非常重要的关节。

3. 脚部肌肉

肌肉主要是由肌组织构成。脚部肌肉是用来支持体重和行走的运动肌，也在于维持足弓。

脚部主要肌肉分足背肌和足底肌两部分。

足背肌包括拇短伸肌、趾短伸肌等。

足底肌包括拇展肌、拇短展肌、拇收肌等的内侧群；趾短屈肌、跖方肌、蚓状肌、骨间肌等的中间群；小趾短肌、小趾短屈肌等的外侧群。

4. 脚部皮肤

脚部皮肤与身体其他部分的皮肤一样，分表皮、真皮、皮下组织三大层。

表皮是第一道防线，能够防止细菌侵入体内；真皮被称为第二道防线，在表皮以下，有毛发、汗腺、皮脂腺、血管和神经末梢等；最下面是皮下组织，内有脂肪、血管和神经末梢等。

脚部皮肤与身体其他部位皮肤相同，也具有调节体温、呼吸、分泌汗液、蒸发水分等功能。

我们知道，正常情况下，人体在神经系统的调节下，一方面产生热量，另一方面又把过多的热量通过皮肤的出汗和皮下血管的扩张加以排出，以保持人体稳定的正常体温。脚底温度在整个人体是最低的；皮肤还具有呼吸功能，排出二氧化碳，且排出量随温度增高而增加；人在运动后，皮肤会通过汗腺把它分泌出来的汗液排出体外；因为人体中含有大量的水分，经常有水分从皮肤表面蒸发。

5. 足弓

人类进化过程中，为了适应直立行走，足骨形成了内外两个纵弓和一个横弓，见图 2 - 12。

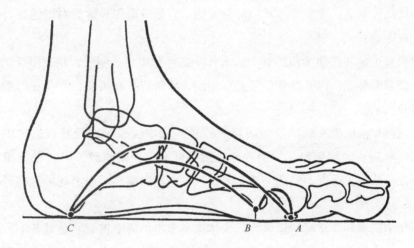

图 2 - 12　足弓

A～C 内侧纵弓；B～C 外侧纵弓；A～B 横弓

足弓的功能是负重、行走、吸收震荡及散热。它的构成有：

内侧纵弓：由跟骨、距骨、舟骨、楔骨和第一～第三跖骨组成。

外侧纵弓：由跟骨、骰骨和第四、第五跖骨组成，弓身较低。

横弓：由第一～第三楔骨和第一～第五跖骨基底组成。全体作拱桥形排列。

足弓是人类进化的产物，直立行走导致了足弓的发育完善。这是灵长类动物所特有的独特特征。从脚的内侧看，足弓呈拱形连接着足的前后两个部分。如果从横向来看，足弓还有一个横弓来支撑着足部的左右平衡。足弓的顶端骨骼发育较为发达，它承受着楔骨与跖骨的巨大作用力。足弓的底面骨骼较为脆弱，这一部位集中了大量的血管与神经组织。

正常足弓负重后相应降低，重力传达到韧带至适度紧张时，足部内外肌就起作用，协助韧带维持足弓。完整的足弓在跑跳或行走时可以吸收震荡，并保护脚以上关节，防止内脏损伤。维持足弓的三要素是足骨、韧带、肌肉。

第三节　脚部健康对人体健康的影响

一、脚对人体的重要性

人体全身共有骨头 206 块，脚占了 52 块，几乎是全身骨骼的四分之一。它特有的足弓结构，形成三个负重点；由多个关节构成，连接紧密，可增加足弓弹性；众多坚强、复杂的韧带，纵横交错，分布于足部，加固诸关节；又有严密的足底组织结构和敏锐的感觉神经，这些特殊解剖学上的结构，是实现足的站立、行走和跳跃等功能的基础，使双脚既结实有力，又动作灵活，远非身体其他部分可比。它的畸形和异常会对脚的支持性能、运动性能等造成影响。

传统中医理论的"经络学说"认为，人体十二经脉中足三阴经，足三阳经均起止于脚部，分布于脚背和脚底，内有脏变，外必有相变，任何器官有病变，都会在脚的相应部位出现病态反映。

按照我国最早的医学文献《黄帝内经·针经》和中医"十二经脉理论"中记载，从脚上通过的经脉有：太阴脾经、少阴肾经、厥阴肝经、少阳胆经、阳明胃经和太阳膀胱经。人之所以生病，大多因为经脉上遇上障碍，气血不通所致。而上述的这些经脉，都与脚相通。

现代医学中的循环、反射学说认为：人体像一个小小的宇宙，它是具备宇宙秩序与调和个性的个体。在体内各个生理组织系统，彼此保持着不断的联系、合作和协调。从心脏压出的血液，流向身体每一部分毛细血管，靠复杂的血液、神经等能流系统来维持。我们生命所必需的能源以平衡的韵律感方式，循环在所有的器官之间，渗透到每个活动细胞组织里。

脚是人体距心脏最远的部位，本身循环能力较弱，人身体中血液、淋巴循环中代谢产物又因重力沉积于脚部，沉淀物使循环受阻，而使身体某部位发生异常。所谓脚是"人体的第二心脏"之说，就是通过锻炼双脚，促进血液循环，增强体质。

二、人体部分器官在脚部的反映

1. 反射及反射区的概念

反射，即刺激经由复杂的血液、神经等能流传导所引起器官、腺体和肌肉等不自主的反应动作。也就是说对刺激的一种不自动生理反应。

反射区，即遍布全身的神经聚集点，这些聚集点都与身体各器官相对应。

脚部反射区，即脚部的神经聚集点，它的神经分布在全身各个器官和部位。

2. 脚部主要反射区的位置

（1）脚趾部分：

双脚脚趾为头部器官的反射区：如大脑、小脑、脑垂体、三叉神经、眼、耳、牙齿反射区等，如图 2-13 所示（见封二）。

（2）脚底部：

主要有斜方肌、甲状腺、肺、支气管、心脏、肝、胆、肾、肾上腺、胃、十二指肠、胰腺、脾脏、小肠、膀胱、输尿管反射区等，如图 2-13 所示（见封二）。

（3）脚跟部：

主要有生殖腺反射区。生殖腺反射区：位于跟骨正中央部位，另一位置在跟骨外侧踝骨之后下方部位。

（4）脚背部：

脚背部主要有胸、横膈膜反射区等，如图 2-14 所示（见封三）。

（5）脚内侧：

脚内侧有颈椎、胸椎、腰椎、骶骨、内尾骨反射区，如图 2-15 所示（见封三）。

（6）脚外侧：

脚外侧主要有肩、膝、下腹部、外尾骨反射区等，如图 2-16 所示（见封三）。

如果人体的某处有异常，按下相应的反射区，就会有疼痛的感觉。更确切地说，身体某一部位的疾病可引起脚的相应部位变形；脚的变形也可引起身体某一部位的疾病。最常见的是拇外翻。拇外翻发生的主要原因是穿高跟尖头鞋，不正确的鞋型产生许多挤脚的压力点，脚的血液供应，特别是拇指的血液供应不畅，使沉淀物积存在反射区上，形成阻结。久而久之，随着脚的畸形，会产生偏头疼或甲状腺、支气管、耳、眼、鼻、肩、肺等部位的疾病。同样，扁平足对消化系统、循环系统也会造成影响。

脚部的反射区之所以这样灵敏，是由于脚属神经末梢，又受地心引力的影响，使直接通到身体各个相应部位的能流循环很容易在此受到阻碍，成为反应灵敏的反射地带。可见，"保护双脚就是保护身体健康"之说是不无道理的。但是，据推算，世界上约有25%的人受着不同程度的脚疾的疼痛，而这些脚疾除先天畸形外，许多是后天获得的，其原因大部分是因为穿着不适脚的鞋子造成的。因此，让我国人民尽量穿上符合脚型规律的舒适的鞋，以尽可能预防繁多的脚疾，是鞋业工作者义不容辞的责任。

复习题

1. 世界上比较常见的脚型有哪几种？我国常见脚型有哪些？

2. 简述人类脚的发育过程？

3. 在脚的发育过程中，会出现哪些发育异常与畸形？它们各有什么特点？

4. 人体单脚上的骨骼有多少块骨头？由哪三部分组成？它们各自由哪些骨头组成？

5. 脚部由哪些主要关节组成？它们各自有什么作用？

6. 脚部主要由哪些肌肉组成？

7. 足弓是由哪些骨头组成？它有什么功能？

8. 从脚部通过有哪些经络？

9. 什么叫脚部反射区？脚趾、脚底有哪些重要的反射部位？

第二章

脚型测量及其规律

第三章　脚型测量及其规律

脚是由趾骨、跖骨和跗骨三大部分组成，但每只脚又有其不同的个体特征。我国地域辽阔，各个地区人群生活条件、习惯各不相同，所以脚也存在一定的差异。脚型测量通过对大量的数据统计分析，找出不同地区、不同职业、不同性别、不同年龄的脚型的共性和变化规律，为制作合脚、舒适的鞋楦提供尺寸依据。同时，也可以为鞋帮设计、货号搭配等提供参考。我国分别于 1968 年和 2001 年组织过两次全国性的大型脚型测量，并对中国人群脚型规律进行了研究，制定了国家标准 GB/T 3293—1982《中国鞋号与鞋楦尺寸系列》，2007 年，鞋楦标准修改为 GB/T 3293—2007《中国鞋楦系列》。本章我们介绍有关脚型测量及脚型规律的研究方法。

第一节　脚型测量

一、测量方法的确定

1. 测量姿势

由于人脚是一个松软的有机体，其尺寸随人体动作发生变化，如在抬脚、静坐、站立和运动等不同姿势下，即使同一部位，所测的尺寸都是不一样的。所以，正确的选定测量姿势，是脚型测量工作的重要环节，表 3-1 是实测的不同姿势下脚部主要尺寸变化的记录。

表 3-1　不同姿势时脚部主要尺寸的变化值（男）

测量部位	静坐比抬脚	站立比静坐	运动比站立
脚长	+4.5	+5.0	+1.0
跖趾围长	+9.0	+3.5	+1.0
跗围	+4.0	+3.0	+2.5
兜跟围	+4.5	+2.0	+1.5

由此可见，人脚处于最大尺寸时是在运动状态下。

在选择脚部测量姿势时，应考虑到客观情况，选择与脚部运动尺寸比较接近的站立尺寸，即站立姿势，这样测量的尺寸比较稳定，便于操作和管理。

2. **测量部位的确定**

测量部位主要选择对穿着影响较大的主要特征部位进行测量，如图 3 - 1 所示。

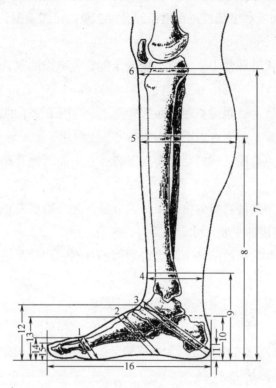

图 3 - 1 脚型测量部位示意图

1—跖趾围长 2—前跗骨围长 3—兜跟围 4—脚腕围长 5—腿肚围长 6—膝下围长 7—膝下高度

8—腿肚高度 9—脚腕高度 10—外踝骨高度 11—后跟突点高度 12—舟上弯点高度

13—前跗骨最突点高度 14—第一跖趾关节高度 15—拇趾高度 16—脚长

（1）跖趾围长：脚的第一和第五跖趾关节突出点之间的围长叫跖趾围长。它位于脚的最宽处，是决定脚肥、瘦的主要标志。

（2）前跗骨围长：脚的前跗骨突点与脚心间的围长。是决定跗面大小的重要尺寸。如成鞋跗围小会使脚背受压，影响血液循环；跗围大又会使脚"前冲"，鞋不跟脚。该部位尺寸主要用于鞋揎和鞋帮的设计。

（3）前跗骨和后跟围长（兜跟围）：脚弯点与后跟之间的围长。是设计高腰鞋不可缺少的尺寸。兜跟围小，脚穿脱鞋困难；兜跟围大，不仅浪费材料，而且也不跟脚。

（4）脚腕围长：围绕脚腕最细处测量的围长，主要用于高腰鞋和靴子的设计。

（5）腿肚围长：围绕腿肚测量的围长，主要用于靴子的设计。

（6）膝下围长：围绕膝盖下缘点测量的围长，主要用于靴子的设计。

（7）膝下高度：膝下围长部位点距地面的高度，是确定膝下围长位置的辅助尺寸，主要用于靴子的设计。

（8）腿肚高度：腿肚围长部位点至脚底着地面的垂直距离。它的上端点是测量腿肚围长的标志点，用于靴子的设计。

（9）脚腕高度：脚腕高度部位点距地面的高度。是确定脚腕围长位置的辅助尺寸，主要用于靴子的设计。

（10）外踝骨高度：外踝骨中心部位下缘点至脚底着地面的垂直距离。主要用于低腰鞋外帮的设计。

（11）后跟突点高度：后跟突点距地面的高度，主要用于靴子的设计。

（12）舟上弯点高度：舟上弯点距地面的高度。主要用于靴子的设计。

（13）前跗骨最突点高度：脚的跗骨突点至脚底着地面的垂直距离。是决定鞋楦跗面高低的主要尺寸。

（14）第一跖趾关节高度：脚的第一跖趾关节最高处至脚底着地面的垂直距离。是决定鞋楦前部跖趾关节厚度的主要尺寸。

（15）拇趾厚度：脚的拇趾前端至脚底着地面的垂直距离。是决定鞋楦头厚、薄的主要尺寸。

（16）脚长：脚的最前端与最末端之间的曲线距离。

3. 测量方法

准确、高效的脚型测量方法是进行大规模测量所必须的。目前脚型测量的方法，主要有两种，简易法和仪器测量法。

简易法为传统的手工测量方法，使用市场上现成的工具、如布带尺、高度尺等。其特点是投资少、操作简单、携带方便，而且测量尺寸比较准确。缺点是劳动强度大，效率低。

仪器测量法需要的脚型测量仪器主要分接触式、非接触式。接触式测量和足底测量相对比较准确，效率高；三维扫描测量虽然技术先进，但测量成本高，操作比较复杂。

二、测量步骤

我们主要讲手工测量步骤。

1. 量前准备及被测时要求

将脚型测量表发给被测者，填写如姓名、年龄、单位等栏目。被测者脱去脚上的鞋袜，并卷起两腿的裤脚至小腿处，测量时自然站立，并使身体的重量平均分配在脚掌上，且两脚不得随便移动。

2. 描划脚印轮廓线

用划笔的双齿垂直于垫板板面，沿脚型的边缘描划出脚的轮廓线，如图 3 - 2 所示（为保证划笔的垂直，脚印轮廓应为双线条）。

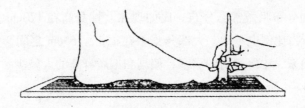

图 3 - 2 划脚印轮廓图

3. 作标志点（图 3 - 3）

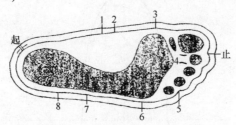

图 3 - 3 做标志点

1—舟上弯点 2—前跗骨突点 3—第一跖趾关节突点 4—紧靠第二脚趾左右边缘画两段标识线
5—第五趾端点 6—第五跖趾关节突点 7—第五跖骨粗隆点 8—外踝骨下缘点

4. 部位测量

被测者平稳地将右脚抬起，取出脚型测量表格，进行部位测量，见图 3 - 1 脚型测量部位示意图，并记录数据。

5. 测量自然前翘角

使脚处于自然悬垂状态，用特制角度尺的固定板与脚底面自然贴靠，角度尺的折线与第一跖趾关节标志对正，抬起活动板，与脚趾平面自然贴靠，活动板与固定板之间所夹的锐角，即为自然前翘角。

除了纯手工测量方法，目前应用比较多、测量数据比较准确的方法是使用"专业脚底测量仪"进行脚底测量，能够清晰地扫描出脚底的影像，通过专门的分析软件，分析、统计出相关数据，测量的数据可直接用于鞋楦底样的制作，并可支持脚型数据库的建立。使用仪器与手工测量相结合，是一种高效、节能、准确的方法。

第二节　脚型规律的研究

一、有关脚型规律的几个基本概念

1. 常态分布

常态分布理论是脚型规律中应用得比较多的理论。数据分布在坐标图上形成像山峰一样的曲线，像这样的分布叫做常态分布。比如现在女性身高在170cm及以上所占比例不大，150cm及以下所占比例也不大，大部分集中在155～165cm之间。如果把所有女性排列起来，就可以看出来，中等身材的居多，偏高和偏矮身高的人较少。这样的分布规律就叫常态分布，如图3-4所示。

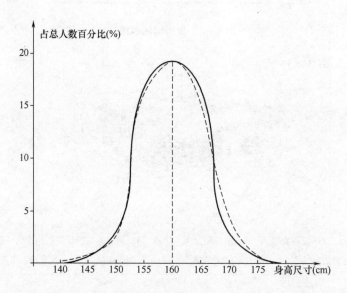

图3-4 常态分布曲线示意图（——计算、-----实测）

2. 标准差

有两组数据，一组是，2、4、6、8、10，相加是30，平均值是6；一组是6、6、6、6、6、6，相加也是30，平均值也是6。从表面上看，这两组数字的结果是一样的，但仔细分析，就会发现其内部规律是完全不同的。第一组最大值与最小值之差为8，第二组最大值与最小值之差为0。所以，平均值并不能反映出数字的内部结构，因此，使用标准差来表示。标准差是用来反映数字内部分布规律的代号，用σ表示。就同一类事物而言，标准差越大，说明数字越分散，反之，说明数字越集中。表3-2为我国城市成年人脚型主要特征标准差（数据来源《中国鞋号与鞋楦设计》）。

表3-2 我国城市成年人脚型主要特征标准差

部位	男	女
脚长	10.91	10.10
跖趾围长	11.70	10.64
前跗骨围长	11.48	10.90
踵心宽	4.01	3.82

3. 全距

全距是用来表示脚各个特征部位离散程度的一个标志。

全距值 = 最大值 - 最小值

4. 均数

均数，又叫算术平均数，表示相同性质事物的平均趋向。如计算脚长的平均值，就是一组人的脚长——相加，再除以总人数，使人们对该组人的脚长有一个清晰的数值概念。

5. 回归方程式

在同一方向上关系比较密切的各个测量部位之间，可以用比例关系表示，不同方向上关系比较松弛的各个测量部位间，一般用回归方程式表示。如身材高的人，一般腿也会长一些，身材矮小一些的人腿也会短一些，这个比较好理解，因为身高和腿长是在一个方向上增减，关系比较密切。但身材高，腰围可能大一些，但也可能不大，腰围和身高的关系就属于不密切的关系了。所以需要使用回归方程式来表达。在脚型规律中，脚长与脚围长的关系，使用回归方程式来表达。

6. 相关系数

相关系数是用来表示脚各特征部位间相互关系的术语。用 r 表示。相关系数越大，说明关系越密切，反之，则说明关系越松弛，表 3 - 3 为全国城市脚型规律的相关系数比较表。

表 3 - 3 全国城市脚型规律的相关系数比较表

相关部位	男性相关系数	女性相关系数
脚长与第一跖趾部位	0.9209	0.9199
跖趾围长与前跗骨围长	0.9188	0.8589
脚长与跖趾围长	0.5930	0.5860

二、脚型分析

1. 鉴别畸形脚

严重的畸形脚不作为均值及规律计算，鉴别方法如下：

（1）平足：平足在脚印图纸上的显示如图 3 - 5 所示，为了更加准确，我们在实际测量过程中确定，并标明在测量表格上。

图 3 - 5 平足脚印图

（2）拇外翻：医学常用的拇外翻界定方法为：

α角为拇指跖趾关节的跖骨与趾骨的纵轴交角，α小于31°为轻度畸形，α大于32°为重度畸形。

拇外翻畸形的界定方法如图3－6所示。

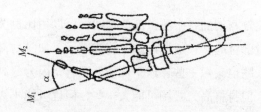

图3－6　拇外翻畸形的界定方法（α为拇外翻角）

但在实际测量中，是不可能测得准确的α角的，所以我们继续采用第一次脚型测量时的分析方法，认定脚的内侧边缘与拇趾内侧之间的夹角大于20°为拇外翻畸形，小于20°为正常值。为保证准确性，也需要在实际测量过程中观察确定。

2. 分析步骤及操作

脚底印的分析如图3－7所示，分析步骤如下：

（1）划分踵线：平分后跟脚印，在其平分线上取后跟脚印与轮廓之间距离的一半A点，连接前端通过第三脚趾印外侧弧的切点R，即为分踵线。

（2）划轴线：在第二趾的趾跟的两条标记线中间点Y点，连接AY线，并延长至I点。即为轴线。

（3）划与轴线的垂线

通过前端点I做轴线的垂线II'；

通过拇趾外突点H_2做轴线的垂线H_2H；

通过第五足趾端点位置G_1做轴线的垂线G_1G；

通过小趾外突点G'_1做轴线的垂线G'_1G'；

通过第一跖趾关节点F做轴线的垂线FF_2；

通过第五跖趾关节点E做轴线的垂线EE_1；

通过前跗骨突点D做轴线的垂线DD_2；

通过腰窝位置C点做轴线的垂线CC_1；

通过后端点O做轴线的垂线为OO'。

（4）划踵心宽度线：取18%脚长做分踵线的垂线，与脚轮廓线相交点为踵心宽度线。

（5）定外踝骨下缘位置：过外踝骨中心标志点B_1做轴线的垂线，垂足是B点，则OB是外踝骨中心下缘点部位长度。

（6）量取图3－7中所有部位尺寸，并记录。

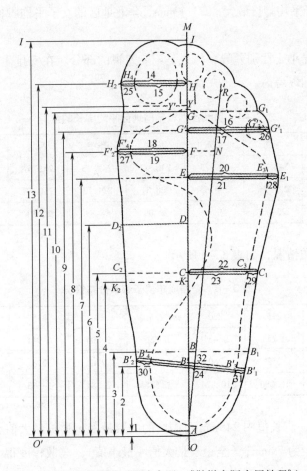

图 3 - 7 脚型分析图（图片来源：《鞋样实际实用教程》）

1—后跟边距的1/2 处　2—踵心部位　3—外踝骨部位　4—舟上弯点部位　5—腰窝部位　6—前跗骨突点部位

7—第五跖趾关节部位　8—第一跖趾关节部位　9—小趾外突点部位　10—小趾端点部位　11—第一、第二趾 Y 点部位

12—拇趾外突点部位　13—脚长　14—拇趾脚印宽　15—拇趾轮廓宽　16—小趾脚印宽　17—小趾轮廓宽

18—第一跖趾脚印宽　19—第一跖趾轮廓宽　20—第五跖趾脚印宽　21—第五跖趾轮廓宽　22—腰窝脚印宽

23—腰窝轮廓宽　24—踵心脚印宽　25—拇趾边距　26—小趾边距27—第一跖趾边距

28—第五跖趾边距　29—腰窝边距　30—踵心里边距　31—踵心外边距　32—踵心全宽

三、我国人群的脚型规律

本章节脚型规律以 2000～2004 年我国第二次脚型调查为依据（数据引自《中国人群脚型规律研究报告》2004）。

1. 脚长规律

（1）脚长的性别和地区差异：表 3 - 4 为脚长的性别和地区差异，从表中可见，脚长的性别差异是很大的。如华北、西北脚长的性别差异大于 22mm。

全国七大区域对比，西北地区的男子平均脚长最大：252.67mm，西南地区的男子平均脚长最小：245.16mm，相差 7.51mm；

华中地区的女子平均脚长最大：231.13mm，华北地区的女子平均脚长最小：227.35mm，相差3.78mm；

脚长的地区差异小于性别差异，但也是不能忽视的部分。在安排生产和销售鞋时，应对地区因素适当地加以考虑。

表3-4　男女性别和不同地区平均脚长的差异　　　　　　单位：mm

性别	全国	华北	华东	华南	华中	西北	西南	东北
男	249.72	249.41	249.75	248.90	249.96	252.67	245.16	252.21
女	229.56	227.35	230.65	228.81	231.13	230.66	227.70	230.65
差数	20.16	22.06	19.10	20.09	18.83	22.01	17.46	21.56

（2）脚长的分布情况，如表3-5所示。

表3-5　全国成年男子脚长分布情况

脚长（mm）	210	215	220	225	230	235	240	245
比例（%）	0.039	0.253	0.431	0.784	3.804	6.941	15.84	17.412
脚长（mm）	250	255	260	265	270	275	280	285
比例（%）	16.863	15.686	10.824	6.588	2.784	1.373	0.275	0.112

从表3-5可知，脚长值中245mm范围内的人数最多，脚长最大值为285mm，脚长最小值为210mm，全距为75mm，（全距＝最大值－最小值），离散程度很大。

根据常态分布理论，平均数加上和减去3倍的标准差（即 $\bar{x} \pm 3\sigma$），在这个范围的人数，占总人数的99.7%。

常态分布计算如下（图3-8）：

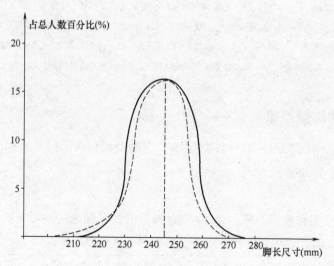

图3-8　全国成年男子脚长正态分布图（——计算、－－－－实测）

已知：全国成年男子标准差 $\sigma = 10.91$（表 3-2）

所以：$x \pm 3\sigma = 249.72 \pm 3 \times 10.91 = 216.99 \sim 282.45$

计算得全距为：65.46mm。

用统计学理论确定脚长的变化范围和幅度，可缩小脚长的离散程度，也与实际情况比较相符。各地区在确定生产鞋号的生产范围、生产比例时使用较为方便。

表 3-6　全国成年女子脚长的分布情况

脚长（mm）	190	195	200	205	210	215	220	225
比例（%）	0.343	0	0.078	0.784	2.613	6.794	14.765	17.290
脚长（mm）	230	235	240	245	250	255	260	265
比例（%）	19.556	16.681	12.718	4.747	2.526	1.089	0.261	0.044

全国成年女子脚长值中 230mm 范围内人数最多，其全距 $= 265 - 190 = 75$mm。

常态分布计算如下（图 3-9）：

已知：全国成年女子标准差 $\sigma = 10.10$（表 3-2）

所以：$x \pm 3\sigma = 229.56 \pm 3 \times 10.10 = 199.26 \sim 259.86$

计算得全距为：60.60mm。

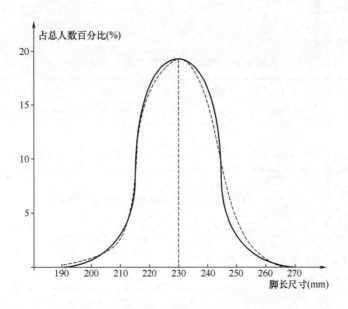

图 3-9　全国成年女子脚长正态分布图（——计算、－－－－实测）

（3）脚长与脚长向各特征部位的关系（表 3-7）及计算公式：

$$\frac{\text{脚长向各特征部位长度}}{\text{脚长}} \times 100\% = \text{脚的长度部位系数（%）}$$

表3-7　全国成人男女部分脚长向规律

部位	脚型规律
第一跖趾关节部位	72.5%脚长
第五跖趾关节部位	63.5%脚长
第五足趾端点部位	84.0%脚长

（4）脚长向与脚特征部位高度的关系（表3-8）及计算公式：

$$\frac{脚特征部位高度}{脚长} \times 100\% = 脚的高度部位系数（\%）$$

表3-8　全国成人男女部分脚部高度尺寸规律

部位	脚型规律
前跗骨高度	23.9%脚长
外踝骨高度	19.6%脚长
拇趾厚度	7.8%脚长
第一跖趾关节高度	13.4%脚长

2. 脚围长规律

（1）性别和地区的跖围长度差异：跖围有一定的性别差异，从表3-9可见，各地区的男女脚的跖围差别在23.74～16.31mm之间；从表3-10可见，每个地区的男女脚的型号约差半个型。

表3-9　性别和地区的跖围长度比较　　　　　　单位：mm

性别	全国	华北	华东	华南	华中	西北	西南	东北
男	242.31	239.92	246.41	240.68	240.72	235.49	239.60	243.57
女	222.07	217.91	226.16	219.31	221.99	215.50	223.29	219.83
差异	20.24	22.01	20.25	21.37	18.73	19.99	16.31	23.74

表3-10　全国各地区中等鞋号和型号一览表

地区	中等鞋号（mm）		中等型号	
	男	女	男	女
全国	250	230	二型	一型半
华北	250	230	二型	一型半
华东	250	230	二型半	二型
华南	250	230	二型	一型半
华中	250	230	二型	一型半
西北	255	230	一型半	一型
西南	245	230	二型半	二型
东北	255	230	二型	一型半

脚型较肥的地区是华东及西南地区。华东地区临海，传统上在海边沙滩赤脚劳动、行走，松软的沙地和脚的无束缚，使脚变得宽且厚，尽管现在多已城市化，但从遗传学角度是可以解释的；西南主要测量的是重庆市区，地处山区，行走坡路、山路较多，脚前掌部位肌肉比较发达。西北地区的男女脚型比较偏瘦。

（2）跖围的分布情况（表3-11）：脚型跖围的分布也是符合常态分布规律的，全国男子跖围的全距值＝75mm。

表3-11　全国成年男子跖围的分布情况

跖围（mm）	195	200	205	210	215	220	225	230
比例（%）	0.121	0.201	0.363	0.686	1.734	3.307	9.919	12.137
跖围（mm）	235	240	245	250	255	260	265	270
比例（%）	14.274	16.734	13.427	13.427	6.532	4.194	2.944	0

用常态分布理论计算如下（图3-10）：

已知：全国成年男子跖围的标准差 $\sigma = 11.7$（表3-2）

$$Y \pm 3\sigma = 242.31 \pm 3 \times 11.70$$

$$= 207.21 \sim 277.41$$

理论计算的全距值为：70mm。

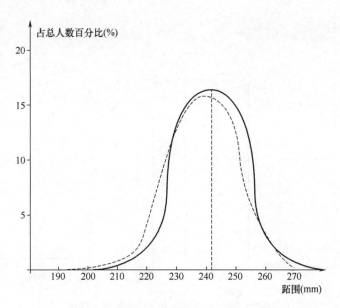

图3-10　全国成男跖围分布图（——计算、————实测）

（3）脚型号的分布情况，如表3-12、图3-11、图3-12所示。

表 3－12 全国成年男子脚型号的分布情况

型号	半型以下	半型	一型	一型半	二型	二型半
比例（%）	9.35	10.08	14.91	16.73	18.55	13.67
型号	三型	三型半	四型	四型半	五型	五型半
比例（%）	9.11	5.08	2.02	1.09	0.36	0.04

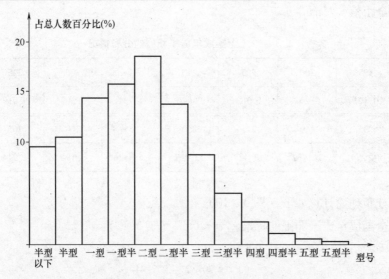

图 3－11 全国成年男子脚型的分布情况

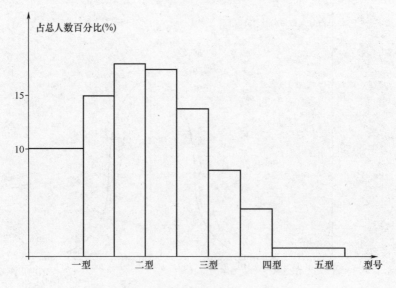

图 3－12 全国成年女子脚型的分布情况

（4）脚跖围与脚围向各特征部位关系，如表 3－13 所示。

脚跖围与脚围向各特征部位，因方向一致，相关系数较大，呈比例关系。

$$\frac{各特征部位围度（宽度）}{跖趾围长} \times 100\% = 围度系数（\%）$$

表 3 - 13　全国成人男女脚型围度系数

部位	脚型规律
前跗骨围长	100% 跖围
兜跟围长	131% 跖围
基本宽度	40.3% 跖围

3. 脚长与跖围相互关系的规律

根据人类学标准化理论，被挑选作为主要特征的那些特征，应该是彼此间相关性较小，而这些主要特征的每一个，又与一群次要特征有着紧密的相关和联系。脚长与跖围关系的规律，正是属于这一类型的主要特征规律之一。

脚长与跖围由于不在同一方向上，相关系数小，它们之间的关系规律不是用简单的比例式所表达的，而是用直线回归方程表示。即：

$$y = bx + a$$

式中：y 为跖围，b 为回归系数，x 为脚长，a 为常数。

我国人群脚型规律中，跖围对脚长的回归方程式如下：

成年男女：一型跖围 $= 0.7 \times$ 脚长 $+ 57.5$

二型跖围 $= 0.7 \times$ 脚长 $+ 64.5$

三型跖围 $= 0.7 \times$ 脚长 $+ 71.5$

四型跖围 $= 0.7 \times$ 脚长 $+ 78.5$

五型跖围 $= 0.7 \times$ 脚长 $+ 85.5$

儿童：一型跖围 $= 0.9 \times$ 脚长 $+ 11.5$

二型跖围 $= 0.9 \times$ 脚长 $+ 18.5$

三型跖围 $= 0.9 \times$ 脚长 $+ 25.5$

4. 中国人群脚型关键部位规律（表 3 - 14、表 3 - 15）

表 3 - 14　全国男女脚型规律

编号	部位名称	成人规律
1	脚长	100%（脚长）
2	拇趾外突点部位	90%（脚长）
3	小趾端点部位	84%（脚长）
4	小趾突点部位	78%（脚长）
5	第一跖趾关节部位	72.5%（脚长）
6	第五跖趾关节部位	63.5%（脚长）
7	腰窝部位	41%（脚长）
8	踵心部位	18%（脚长）
9	后跟边距	4%（脚长）

编号	部位名称	成人规律
10	跖趾围长	0.7 脚长 + 常数
11	前跗骨围长	100%（跖围）
12	兜跟围长	131%（跖围）
13	基本宽度	40.3%（跖围）
14	拇趾外突点轮廓里段宽	39%（基宽）
15	拇趾外突点里段边距	4.7%（基宽）
16	拇趾外突点脚印外段宽	34.3%（基宽）
17	小趾外突点轮廓里段宽	54.1%（基宽）
18	小趾外突点外段边距	4.32%（基宽）
19	小趾外突点脚印外段宽	49.8（基宽）
20	第一跖趾轮廓里段宽	43%（基宽）
21	第一跖趾里段边距	6.9%（基宽）
22	第一跖趾脚印里段宽	36.1%（基宽）
23	第五跖趾轮廓里段宽	57%（基宽）
24	第五跖趾外段边距	5.4%（基宽）
25	第五跖趾脚印外段宽	51.6%（基宽）
26	腰窝轮廓里段宽	46.7%（基宽）
27	腰窝里段边距	7.2%（基宽）
28	腰窝脚印外段宽	39.5%（基宽）
29	踵心全宽	68.5%（基宽）
30	踵心外边距宽	7.6%（基宽）
31	踵心里边距宽	9.3%（基宽）
32	踵心脚印全宽	50.8%（基宽）
33	前跗骨高度	23.9%（脚长）
34	外踝骨高度	19.6%（脚长）
35	拇趾厚度	7.8%（脚长）
36	第一跖趾关节高度	13.4%（脚长）
37	膝下高度	154%（脚长）
38	腿肚宽度	121.9%（脚长）
39	脚腕高度	52.2%（脚长）
40	膝下围长	126%（脚长）
41	腿肚围长	135.6%（脚长）
42	脚腕围长	86.2%（脚长）

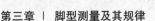

表3-15 全国儿童脚型规律

编号	部位名称	大童	中童	小童
1	脚长	100%（脚长）	100%（脚长）	100%（脚长）
2	拇趾外突点部位	90%（脚长）	90%（脚长）	90%（脚长）
3	小趾端点部位	84%（脚长）	84%（脚长）	84%（脚长）
4	小趾突点部位	78%（脚长）	78%（脚长）	78%（脚长）
5	第一跖趾关节部位	72.5%（脚长）	72.5%（脚长）	72.5%（脚长）
6	第五跖趾关节部位	63.5%（脚长）	63.5%（脚长）	63.5%（脚长）
7	腰窝部位	41%（脚长）	41%（脚长）	41%（脚长）
8	踵心部位	18%（脚长）	18%（脚长）	18%（脚长）
9	后跟边距	4%（脚长）	4%（脚长）	4%（脚长）
10	跖趾围长	0.9脚长 + 常数	0.9脚长 + 常数	0.9脚长 + 常数
11	前跗骨围长	100%（跖围）	101%（跖围）	102.4%（跖围）
12	兜跟围长	132%（跖围）	131%（跖围）	129%（跖围）
13	基本宽度	40%（跖围）	40.3%（跖围）	40.5%（跖围）
14	拇趾外突点轮廓里段宽	41%（基宽）	42.2%（基宽）	42.6%（基宽）
15	拇趾外突点里段边距	4.5%（基宽）	4.1%（基宽）	4%（基宽）
16	拇趾外突点脚印外段宽	36.5%（基宽）	38.1%（基宽）	38.6%（基宽）
17	小趾外突点轮廓里段宽	56.9%（基宽）	58.6%（基宽）	58.9%（基宽）
18	小趾外突点外段边距	4.2%（基宽）	4.1%（基宽）	4.3%（基宽）
19	小趾外突点脚印外段宽	52.7%（基宽）	54.5%（基宽）	54.7%（基宽）
20	第一跖趾轮廓里段宽	42.6%（基宽）	42.1%（基宽）	42.3%（基宽）
21	第一跖趾里段边距	6.1%（基宽）	5.6%（基宽）	5.4%（基宽）
22	第一跖趾脚印里段宽	36.5%（基宽）	36.6%（基宽）	36.9%（基宽）
23	第五跖趾轮廓里段宽	57.4%（基宽）	57.9%（基宽）	57.7%（基宽）
24	第五跖趾外段边距	6%（基宽）	5.6%（基宽）	5.9%（基宽）
25	第五跖趾脚印外段宽	51.4%（基宽）	52.2%（基宽）	51.8%（基宽）
26	腰窝轮廓里段宽	46.9%（基宽）	47.3%（基宽）	48.5%（基宽）
27	腰窝里段边距	7.5%（基宽）	7.9%（基宽）	8.1%（基宽）
28	腰窝脚印外段宽	39.4%（基宽）	39.4%（基宽）	40.4%（基宽）
29	踵心全宽	68.5%（基宽）	69.5%（基宽）	70.5%（基宽）
30	踵心外边距宽	7.6%（基宽）	7.3%（基宽）	7.4%（基宽）
31	踵心里边距宽	9.1%（基宽）	8.9%（基宽）	9.1%（基宽）
32	踵心脚印全宽	52%（基宽）	52.8%（基宽）	53.9%（基宽）
33	前跗骨高度	23.9%（脚长）	23.9%（脚长）	23.9%（脚长）
34	外踝骨高度	19.6%（脚长）	19.6%（脚长）	19.6%（脚长）

编号	部位名称	大童	中童	小童
35	拇趾厚度	7.8%（脚长）	7.8%（脚长）	7.8%（脚长）
36	第一跖趾关节高度	13.4%（脚长）	13.4%（脚长）	13.4%（脚长）
37	膝下高度	140.3%（脚长）	140.3%（脚长）	140.3%（脚长）
38	腿肚宽度	128.4%（脚长）	128.4%（脚长）	128.4%（脚长）
39	脚腕高度	49.4%（脚长）	49.4%（脚长）	49.4%（脚长）
40	膝下围长	120.7%（脚长）	120.7%（脚长）	120.7%（脚长）
41	腿肚围长	126%（脚长）	126%（脚长）	126%（脚长）
42	脚腕围长	90.3%（脚长）	90.3%（脚长）	90.3%（脚长）

从 1938 年开始，德国纳粹组织派遣慕尼黑大学斯文·赫定学院人类学专家布鲁诺·贝尔格，两次深入我国西藏地区进行藏族人群人体数据调查开始，各国专家对于脚型数据的研究使用了不同的研究方法，但是在实际的鞋楦设计中，这些数据只是特征数据而已，需要灵活运用。如相同跟高、楦长、跖围的鞋，为什么同一人穿进去会有紧、有松呢？造成该现象的原因有多种，如楦底弧度、鞋楦肉体安排等。所以说脚型数据是基础，但又不能完全束缚于数据。

复习题

1. 脚型测量主要测量哪些部位？如何测量？
2. 在脚轮廓图上标注那些标志点？
3. 简述脚型测量的主要方法。
4. 脚型测量有哪些步骤？
5. 列表说明我国城市成年人脚型主要特征标准差。
6. 回归方程式 $y = bx + a$ 中，y、b、x、a 各表示什么？
7. 如何鉴别畸形脚？
8. 脚型规律中，脚长向的主要部位尺寸有哪些？
9. 脚型规律中，脚围向的主要部位尺寸有哪些？

第四章

脚的生物力学概述

第四章　脚的生物力学概述

第一节　生物力学概述

生物力学是用力学原理研究物体生命活动规律的一门学科，是由力学、解剖学、生理学和生物化学等学科相互渗透而产生的一门边缘科学。近年来，生物力学对人体运动分析、疾病原理研究、各种假肢和人工脏器的设计乃至体育学科、人类学、宇航学等的发展都发挥了极其重要的作用。从 20 世纪 80 年代起，生物力学技术在鞋类设计开发中的应用获得了突飞猛进的发展，成为国际知名品牌鞋的核心技术。20 世纪末，亚洲一些地区也开始进入这个研究领域。2001 年，我国台湾鞋业将首批应用生物力学技术设计开发的健康鞋投入日本市场，标志着台湾制鞋业从高产量、低利润产品向高技术、高附加值产品的成功转型。而在我国大陆，生物力学技术在鞋类上的应用很少，使得原本基础研究薄弱、科学技术缺乏的制鞋业与世界领先技术水平的距离愈拉愈大，这不能不引起我们的深思和忧虑。生物力学应用于鞋类的设计开发在我国有着广阔的前景，提升制鞋产业技术、开发高科技含量、高附加值的鞋类产品，是产业发展的必然趋势，也是促进我国制鞋行业科技化、现代化的必由之路。

生物力学以力学原理、概念来研究生物体的机能，同时运用数学演算、力学公式考察机体静态时存在的力学机理，以解释生物体正常和异常的解剖与生理现象。简言之，即力学原理应用于人体学科研究中。它以人体为主要对象，研究人体维持平衡和运动情况，了解不同组织结构之间主动和被动的相互关系和所发生的力学机理。生物力学所研究的就是生命现象中所涉及的力学问题。

生物力学的内容是非常宽广的。在制鞋行业，其应用主要涉及"运动生物力学"和"人体工程学"等。根据我国制鞋业的实际情况，这里着重于概念的介绍和问题的探讨。

一、运动生物力学概述

生物力学是研究力与生物体运动、生理、病理之间关系的学科。而运动生物力学则是研究运动中人体机械运动规律的科学。运动生物力学的研究内容主要包括人体材料力学和力学性态。人体材料力学主要研究骨、肌肉、肌腱、韧带、皮肤、血管的力学性质，是一门专门的学科。

运动生物力学的主要研究任务是：研究人体结构和机能的生物力学特征；研究人体的惯性参数及肌肉、骨骼、韧带的动力学特征；建立人体运动的力学和数学模型，探索人体运动的基本规律；确定动作技术原理，建立动作准确技术模式；探索运动创伤和康复的力学依据。运动生物力学在制鞋领域的应用，主要是在鞋的机理性研究开发上，例如，通过对人体的足部的压力分析和步态分析，测量足底部各点的压强、压力、重力线等，找出下肢移动变化及各关节如踝、膝、臀、腰等部位的力学规律，并进行数值分析，提出对鞋楦、鞋型、鞋底部的理想设计方案，再通过效果的测试，从而达到最佳（健康、舒适）的穿着效果。

二、人体工程学概述

人体工程学又称人类工程学、工效学、人类因素学等。是根据人体解剖学、生理学和心理学等的特性，研究工作、环境、起居条件和人体相适应的学科，其目的是使人与产品相关参数达到最佳匹配。

人体工程学也是一门综合性的边缘学科，系统论、控制论、信息论等是它的基本指导思想；生理学、心理学、人体解剖学、人体测量学等是它的基础学科；环境科学如环境保护学、环境卫生学、环境控制学、技术美学等为如何创造安全、健康、舒适、满意的产品提供了科学依据。

人体工程学的应用范围十分广泛——从日常穿着、用品到工程建筑，从大型机具到高新技术产品，从家庭活动到城市规划建设等。它在制鞋领域里的应用，则主要集中在以下几部分：

人体形态特征参数：由静态尺寸和动态尺寸两部分组成。如脚长、围、宽等在静止、行走和运动状态下的尺寸及其变化规律、运动范围等。

技术审美及设计：研究有关美学法则、工业色彩及造型设计等。

有关舒适性及方便性的技术：如鞋的隔离与防护、适脚性、舒适性，温度、湿度及细菌污染的控制等。例如，影响脚在鞋内的环境因素有生物及生理因素，生物因素即为各种微生物繁殖的环境，"灭菌、除臭"是我们长期研究的课题；生理环境因素则是对人的生理特征（出汗、血流量、温度变化等）所产生的影响，事实上，"保暖性、透气性"也一直在制鞋材料的研究上占有非常重要的位置。

第二节　运动生物力学应用的基本方法及原理

一、运动生物力学的研究方法

研究运动生物力学有理论和实验两个基本方法。这两种方法在研究的目标、对象、手段、结论上都有明显的差异。

理论研究方法的目标是探索运动规律，研究对象是人体力学模型，研究方法是将运动主体和运动过程进行数学语言描述，应用数学、力学理论和计算，导出运动规律。得出的结论要揭示运动内在机理，预测运动结果，设计新动作。这种方法的关键是建立人体运动的力学模型，用这些模型来描述运动。建立模型的主要方法是用力学结构中的多刚体铰接，按系统模拟整个人体运动，其理论严谨，突出了人体内部的运动规律，具有重大的理论价值。但过于繁琐，不便于分析、解决实际问题。

实验研究方法是进行具体运动实测记录，以具体的人为研究对象，研究方法是为数学方程式提供已知参数，对计算结果进行校核。目的是解释运动过程。比较常用的方法是应用多刚体系统动力学的理论来建立力学模型。这样可避免人体系统内部运动的复杂模拟，它的实际应用取得了许多很有价值的研究成果。

二、生物力学应用的基本力学原理

在运动生物力学研究中，比较常用的基本力学原理如下：

1. 重力中心

任何占有空间具有一定质量的物体均存在着重力中心。人在正常站立位时的重力中心，处于第二骶椎前。

2. 支撑面

支撑面是重力落在支撑地面上的作用面积。支撑面的大小决定了静态或动态的稳定性。

3. 压应力、应变与弹性模量

$$压应力 = 压力作用下的负荷 / 截面积（N/m^2）$$

应变：骨组织在压应力作用下的变形程度。

弹性模量：用以说明不同组织的变形率，即材料的强度。弹性模量大，产生应变的压力就越大。

$$弹性模量 = 应力 / 应变$$

如小腿与足在负重时，骨与软骨在体重负荷作用下，受到挤压，产生压力。为适应负荷状态，骨骼所产生的变形即为应变，变形率为弹性模量。

下肢骨多属负重骨，在反复的应力作用下，容易发生应力性骨折。其中骨折的发生部位多为外踝、距骨、跖骨和跟骨，尤其是发生在青少年阶段。除在水泥、柏油路面上跑跳，震动损伤外，长期穿用前跷、后跟、脚底部曲面不适合的鞋，都会造成骨骼及关节的应力集中，引起应力性骨折。这一点在鞋的楦型设计上尤为重要，需要通过应力的计算，科学地避免和减缓上述情况的发生。

4. 张力、张应力

张力与压力同属一个概念，都是直接施加于物体上的作用力，所不同的是方向相反。

$$张应力 = 张力作用下的负荷 / 截面积（N/m^2）$$

张力的应变、弹性模量计算均与压力相等。如人在行走时足尖着地，足弓产生弯曲，足底受牵拉为张力，跗背受挤压为压力（图4-1）。

5. 剪力

剪力产生于作用力的不同方向，与物体移动方向不一致，可垂直也可成角度。

剪力的计算，决定于作用力的大小与成角的度数。如斜向骨折，骨在重力复荷下压力向下，在端面产生沿斜面滑动的作用力即是剪力（图4-2）。力同样可以引入应力、应变和弹性模量的概念。

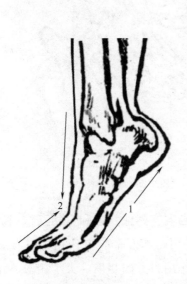

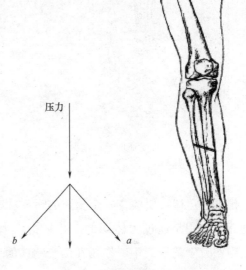

图4-1　行走时足尖着地
1—张力　2—压力

图4-2　小腿胫腓骨斜行骨折
a—剪力　b—力的分解

6. 弯曲

在物体上施加偏心力或弯曲力矩，使物体长轴弯曲。弯曲受力时离中心轴越远，所受应力越大。靴口骨折是滑雪运动员最常见的损伤，也是典型的弯曲载荷（图4-3）。滑雪者向前跌倒时，靴口处受到向后的阻力，足底部分受到向前的力，这些力使胫骨受到弯曲力矩。在胫骨的前面，受到压应力，在胫骨的后面，胫骨受到张应力。

7. 内力、外力与活动轴

内力：指肌肉收缩发生的力。

外力：指外界施加于身体上的作用力。

活动轴：反映肢体活动范围和运动方式。肢体不同部位的活动，都可以在关节内找到一个活动轴。如踝关节的内、外踝连线构成一个活动轴（图4-4）。

8. 牛顿定律

生物力学中比较常用的为：

牛顿第一定律：作用在一个物体诸力的合力为零时，物体静止不动。人体保持稳定自然站立时，肌肉收缩合力等于零。

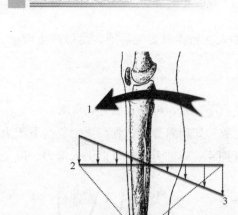

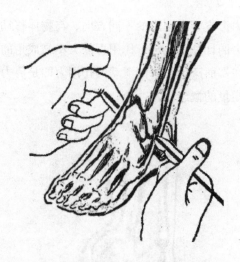

图4-3　骨受弯曲载荷情况　　　　　　　图4-4　关节活动轴

1—弯曲　2—压力　3—张力　　　　　　（图片来源《足外科》）

牛顿第三定律：要改变一个物体的运动状态，必须有其他物体和它相互作用。物体之间的相互作用是通过力体现的。并且指出力的作用是相互的，有作用力必有反作用力。在牛顿力学的框架中，作用在两个物体的一对作用力方向相反、大小相等、作用在同一直线上、作用在不同的两个物体上。简单地说，就是作用力与反作用力数值相等，方向相反。

实际上，牛顿第三定律在鞋的设计中最为常用。如软底鞋穿起来很舒适，但地面对它的反作用力相对减少，长时间走路时会感觉累。人在沙漠中走路比较吃力就是很典型的例子。军靴、旅游鞋的大底选择比较硬，就是为了增加地面对之的反作用力，减少长期走路的疲劳感。在设计中老年鞋、儿童鞋等各类特殊用鞋时，都应考虑到这个问题，以选择软硬适当的大底。另外，运动鞋中使用的能量回输理念，也是牛顿第三定律的应用。

三、我国人体足部参数简介

人体是一个非常复杂的生物体，分析人体所完成的各种动作，首先要了解人体本身的基本参数。我国人体基本参数的研究，是由清华大学、白求恩医科大学、国家体育总局体育科学研究所和中国标准化研究中心等单位的专家共同进行的。其中"中国正常成年人体惯性参数的测定和样本统计"、"中国成年人人体质心"等重大科研成果，均具有较高的应用价值和广泛的应用前景。

人体基本物理参数，包括各环节的长度、围度、宽度及质量、质心、转动惯量、体积和密度等数据。下面我们将简单介绍我国青年人体基本物理参数中的足部参数。

1. 几何尺寸（表 4 - 1）

表 4 - 1　青年足部几何尺寸

项目	男平均值	男标准差	女平均值	女标准差
年龄（岁）	21. 268	1. 288	20. 375	1. 053
足长（mm）	249. 122	11. 164	228. 542	8. 862
足宽（mm）	94. 512	4. 784	86. 542	3. 415

其中足长为以脚纵轴从脚后跟至脚尖的最大距离，足宽为脚底两侧间的最大距离，如图 4 - 5 所示。

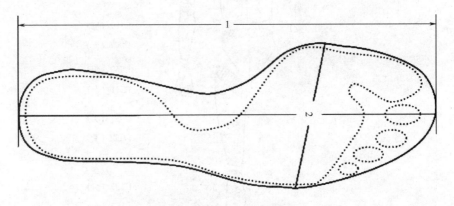

图 4 - 5　足长及足宽
1—足长　2—足宽

2. 环节基本参数（表 4 - 2、表 4 - 3）

表 4 - 2　环节划分分界点

环节	近侧分界点	远侧分界点	质心测量起点
足	内踝点	足底	足底

表 4 - 3　青年环节基本参数

足部	男性平均值	男性标准差	女性平均值	女性标准差
质量（kg）	0. 884	0. 086	0. 696	0. 140
质心（mm）	39. 510	4. 725	36. 960	3. 300
体积（cm^2）	683. 100	57. 797	555. 85	88. 169
密度（g/cm^3）	1. 269	0. 172	1. 188	0. 059

研究表明，中国青年人体环节质量分布为：男性足部占人整体质量的 1.50%，女性足部则占人整体质量的 1.38%；男性足部相对体积占人整体的 1.21%，女性则占整体

的 1.610%。

图4-6为人体密度分布图，从图中可以看到，足和手的骨骼占比例较大，肌肉不够发达，骨密度相对较高。

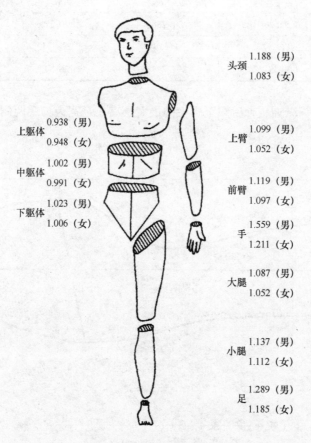

头颈　1.188（男）
　　　1.083（女）

上躯体　0.938（男）
　　　　0.948（女）

中躯体　1.002（男）
　　　　0.991（女）

下躯体　1.023（男）
　　　　1.006（女）

上臂　1.099（男）
　　　1.052（女）

前臂　1.119（男）
　　　1.097（女）

手　1.559（男）
　　1.211（女）

大腿　1.087（男）
　　　1.052（女）

小腿　1.137（男）
　　　1.112（女）

足　1.289（男）
　　1.185（女）

图4-6　人体密度分布图
（图片来源：《现代运动生物力学》）

第三节　脚部生物力学简介

从表面上看，脚是人体维持直立姿态的支撑点，但长期站立会使足产生疲劳和不适。如果人适当地做行走、跑跳等活动，足部反而不容易产生疲劳。由此可见，脚的生物力学结构不单是一个静态站立的支柱基础，还是适应人体活动的机械装置。其基本动能为维持人体的平衡和稳定性。维持平衡与稳定性的基本条件是身体的重心和支撑面。

1965年我国进行了第一次大规模脚型测量研究，1982年在此基础上完成了GB 3293—82《中国鞋号及鞋楦系列》标准，2002年我国进行了第二次脚型规律测量研究并对此标准做了修订工作，制鞋业的技术工作者一直以科学严谨的作风对脚部的受力情况进行探讨。无论是静态"三点支撑"理论、足底静态动态力值计算，还是脚底静态动态测试及分析，都取得了长足的发展，为我国制鞋基础理论的研究做出了突出的贡献。下面简要介绍在制楦过程中需要考虑的脚的受力情况。

一、脚底静态受力分析

为了使鞋楦更符合脚型，需要对脚进行静态受力和动态受力分析研究。尽管脚在步行过程中的某一时刻值达到最高，但毕竟双脚是交替变化出现的，并不对脚部关节骨骼产生特别大的影响。人体在静态站立时，则各负重关节接触面最大，且关节周围的韧带、肌腱相当紧张，肌肉处于收缩状态，因此长久站立极易使脚受到伤害。

1. 脚底受力的"三点支撑"理论

人体在静立时，体重负荷由下肢经踝关节传递到跟骨，随后又从三个方向形成应力线传递，即向后传递至跟骨结节，向内前方沿内纵弓致第一跖骨头，向外前方沿外纵弓至第五跖骨头（图4－7）。

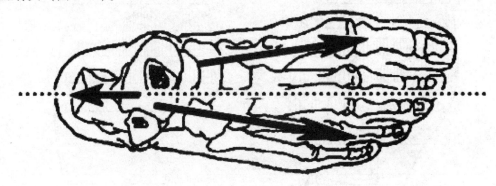

图4－7　静态时脚部力值传递模式

经测算，人在站立时体重的3/6在跟骨结节支撑点，2/6在第一跖骨头支撑点，1/6在第五跖骨头支撑点上。这种模式的依据之一是负荷沿足弓传递，它大大简化了脚底压力的计算程序，是当今脚的生物力学中脚底静态受力的基本模式。

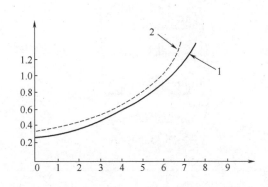

图4－8　静态受力的实际测量与计算结果的比较

1—计算曲线　2—实测曲线

在脚型与鞋楦的研究中，此模式主要应用在计算、分析脚掌的前、后压力比和跟高与前跷的关系。图4－8为实际测量结果与"三点受力模式"计算结果的比较曲线，可见它们之间的规律是相同的，负重的分布完全符合力学规律。

2. 脚底静态受力分析

人的脚底掌面分布着肌肉和大量的皮下脂肪组织，且构成不规则曲面，因人而异。因此单纯使用脚底静态受力模式来准确描述其压力的分布比较困难。脚型规律研究中的脚底压力分布研究主要是为了使鞋楦底部曲线设计尽量与脚掌相对应，因此增加了使用"靴式受力测试系统"进行实测受力分析的方法。

受力分析要求参加测试人员的脚无任何畸形，脚长与脚围须符合国家标准中号尺寸，男子体重70kg左右，女子体重50kg左右，具有正常的站姿和步态。

（1）脚底纬线方向的受力分析：以女子脚长230mm为例，图4-9所示为跟高20mm时女子静立状态足底纬向力值分布曲线图，图4-10所示为跟高80mm时女子静立状态足底纬向力值分布曲线图。

参照图4-9、图4-10分析足底几个主要部位点，在跟高20~80mm时的负荷变化。

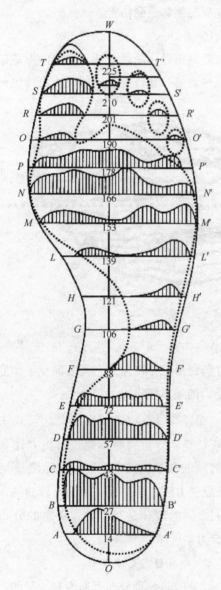 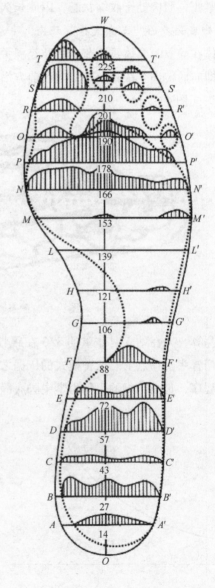

图4-9　女子足底纬向力值分布曲线　　　　图4-10　女子足底纬向力值分布曲线

跟高：20mm，状态：静立　　　　　　　　跟高：80mm，状态：静立

A. 脚后跟部位的负荷变化如图 4 - 11 （a） ～ （c） 所示。从图 4 - 11 （a） 看出，跟高 20mm 时为脚后跟部位负荷最大值，随跟高增加逐渐降低，但仍为全脚底受力较大的部位。

在我国进行脚型规律分析时，将踵心部位定为脚长的 18%，但从图 4 - 11 （a） ～ （c） 可知，这个部位无论在低跟或高跟情况下，负荷都很小，为受力不敏感区。而 （BB′）（DD′） 部位的负荷较大，且受力大小相近。踵心部位是脚跟部的静态受力中心，并非最大受力点。

B. 脚心部位的负荷变化如图 4 - 11 （d） 所示。脚心部位的力值很小，并随跟高增加呈下降趋势。

C. 脚前掌部分的负荷变化如图 4 - 11 （e） ～ （h） 所示。

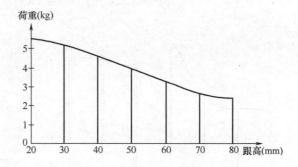

（a） 脚长 11.73% 部位（BB′） 的负荷变化

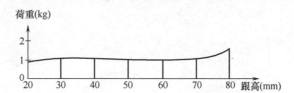

（b） 脚长 18% 部位（踵心 CC′） 的负荷变化

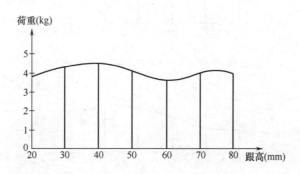

（c） 脚长 24.78% 部位（DD′） 的负荷变化

图 4 - 11

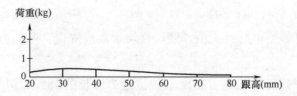

（d）脚长 46% 部位（腰窝 GG'）的负荷变化

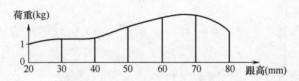

（e）脚长 72.5% 部位（第一跖趾关节 NN'）的负荷变化

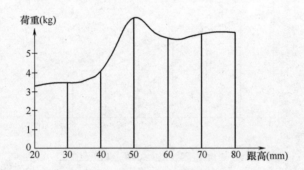

（f）脚长 77% 部位（约第一跖趾关节球向前 PP'部位）的负荷变化

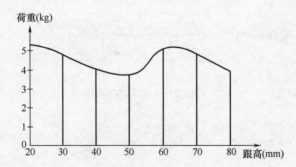

（g）脚长 82.6% 部位（约大拇趾趾跟 QQ'处）的负荷变化

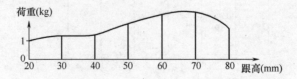

（h）脚长 91.3% 部位（约大拇趾肉球 SS'处）的负荷变化

图 4 - 11　脚后跟部位的负荷变化

第一跖趾关节部位 NN' 在各种跟高的情况下都承受着较大的负荷。从图 4 – 11 （f）看出，第一跖趾关节向前的部位 PP'，其受力随跟高逐渐增大，在跟高 40～50mm 时有一个突变。

大拇趾趾跟部位 QQ' 的负荷随跟高升降变化较为明显，跟越高，力值越大。这主要是由踵心前移引起的。大拇趾趾球部位亦如此。

实测表明，NN'～SS' 区域为脚前掌上力值变化最敏感的部位，也是前掌受力最大的部位，对楦底部曲线的设计影响很大。

（2）脚底经线（轴线）方向力值的变化

脚底经线（轴线）方向力值的变化，在跟高 20mm 时后跟部位受力值最大，跟高 80mm 时前掌部位受力值最大，如图 4 – 12、图 4 – 13 所示。

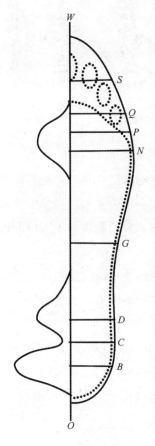

图 4 – 12　女子足底轴线上力值
变化曲线（跟高 20mm）

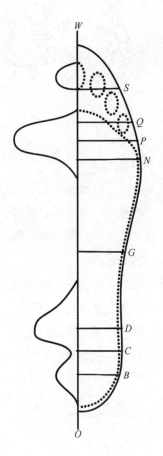

图 4 – 13　女子足底轴线上力值
变化曲线（跟高 80mm）

二、脚的步态运动简述

人体脚部步态运动是制鞋领域的一个重要基础研究领域，它对鞋类舒适性的构成起着关键性作用。步态研究主要是对步长、步相、周期等形态指标和作用力指标进行分析，并对步行时人体能量的消耗、肌肉所作的功等情况进行研究。

步态是指人体步行时的姿态。人体通过髋、膝、踝、足趾的一系列连续活动，使身体沿着一定方向移动。正常步态具有稳定性、周期性和节律性、方向性、协调性以及个体差异性。然而，当人们存在疾病时，以上的步态特征将有明显的变化。

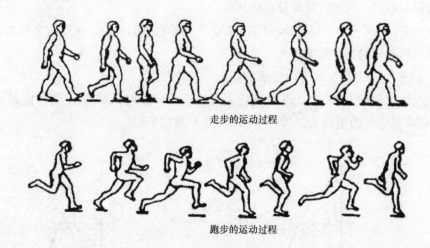

走步的运动过程

跑步的运动过程

图 4 - 14　步的运动过程

1. 人类步行运动原理

步态是人类步行的行为特征。步行则是人类生存的基础，是人类与其他动物区别的关键特征之一。正常步行并不需要思考，然而步行的控制十分复杂，包括中枢命令，身体平衡和协调控制，涉及足、踝、膝、髋、躯干、颈、肩、臂的肌肉和关节协同运动。任何环节的失调都可能影响步态。

人在行走或站立过程中，两脚的姿势大部分是沿脚长轴向前外侧方向。

步长是指同侧足跟或足尖到迈步后足跟或足尖之间的距离，长度为跨步长的两倍，正常大约 150～160cm；跨步长为一侧足跟到对侧足跟之间的距离，正常大约 75～83cm（图 4 - 15）。调查表明，我国男性跨步长约 55.0～77.5cm，女性跨步长约 50.0～70.0cm。一般中等速度平步，即为每分钟 100～120 步，每步持续时间 0.5s，跨步长 75cm。步长与身高显著相关，身高相同的男、女性，其步长无显著性差异，且步长随着年龄的增大而下降。

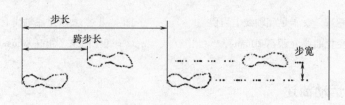

图 4 - 15　步长与步宽示意图

步宽是指人们在行走时，两侧足内侧弓之间的距离（图4－15），正常大约5~10cm。

步频（步速）是指行走时每分钟迈出的步数，正常一般在95~125步/min。步长与步频及身高等因素有关，一般男性步长为150~160cm，步宽约8±3.5cm。

2. 步态周期

人在行走一步时的步态周期分支撑相和摆动相，其中支撑相占61%~65%，摆动相占35%~39%（图4－16、图4－17）。

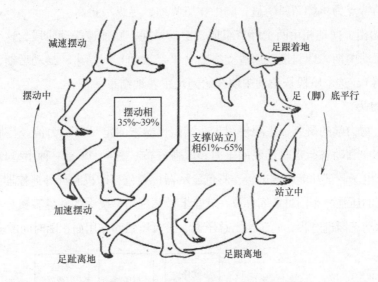

图4－16 步态周期分支撑相和摆动相示意图

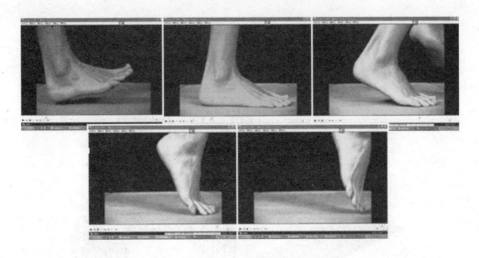

图4－17 步行时脚着地提起的状态

（1）支撑相，支撑相又可分为三个期间：

双肢负荷期：步态周期初始的15%。随着此脚的着地，人体重心开始部分的由另一脚传递到该脚上，此时该脚负荷体重的25%。活动特点为踝关节背伸，脚内在肌松弛，足弓下降以增加脚底与地面的接触面。

单肢负荷期：步态周期的 15%～45%，支撑体重的 50%～60%。活动特点为整个脚底固定在地面上，脚内在肌收缩使足弓的诸关节产生定向活动，膝关节过伸，髋关节屈曲，产生反推力，使人体得以向前跨越一步。

后继站立期：步态周期的 45%～65%。由于人体向前行进的作用力产生加速度，再加上重力作用，使脚的负荷超过体重。随着另一脚也开始着地，继发双肢负重，重心渐而由原着地脚转向另一脚，此时原着地脚的脚跟开始离地，至脚前部着地。到后期，该脚负荷为零。其活动特点为：脚跖屈明显，脚内在肌收缩，足纵弓抬高。

（2）摆动相，摆动相由两个环节组成，摆动早期，腿加速摆动阶段，这个阶段从足指离地开始到摆动中期，即腿摆动通过支撑腿（平足摆动）时结束；摆动后期，腿减速摆动阶段（足下落），这个阶段从摆动中期开始到足跟着地结束。

3. 步态测试

对脚部生物力学的研究，主要使用步态测试仪器来测定足底压力值。足底压力值可表示人在静态站立和动态行走时足底的压力和压强分布。图 4-18 是一种小型 Emed 测力板系统，是由具有电子测试功能的测试板、彩色显示器、彩色打印机和红外遥控器组成。在测试过程中，所测的压强分布图可压缩存放在软盘上，并利用系统中的软件直接分析，显示屏会自动反复显示动态渐进过程，同时给出总压力、最大压强和作用面积随时间的变化过程。

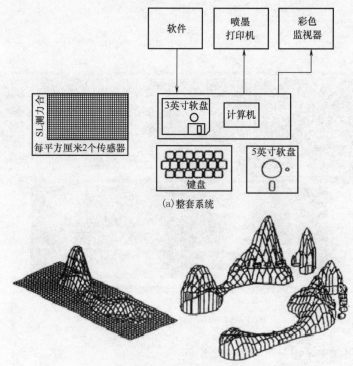

(a)整套系统

(b)压力分析系统显示的人体运动时足底压力情况

图 4-18　小型 Emed 系统

（图片来源：《运动生物力学》）

三、脚部关节的生物力学

脚是人体维持直立姿态的支撑点,是一个非常复杂的结构,其功能主要为:支撑体重、吸收震荡、传递运动和杠杆作用。脚部关节可分为:踝关节、距下关节、跗骨间关节和跖趾关节。

1. 踝关节

踝关节的全范围运动为 45°,负重时运动范围约 40°,其中跖屈 23°。史丹佛(Staffer)、乔丹(Jordan)等报道说,正常男性着鞋步行的踝关节活动范围是 24.4°,跖屈 14.2°,而正常赤脚步行只需平均 4°的跖屈。可见穿鞋加大了踝关节的活动范围,那么鞋的适脚性也可从关节的活动范围反映出来。

一般在静立时,踝关节约负荷体重的 1/2。行走时正常踝关节承受的最大挤压力为体重的 4 倍。正常人在快速行进时可有两个峰值,约为体重的 3~5 倍,慢速行走时只出现一个峰值,约为体重的 5 倍。外踝除参与踝关节的稳定和活动外,还承接来自胫腓关节和腓骨的负荷,该负荷约为体重的 1/6。

踝关节旋转轴由内踝向外踝倾斜。其内侧端与小腿轴线呈 23°~45°交角;在足中线水平面上交角为 68.5°~99°,踝关节旋转轴如图 4-19 所示。

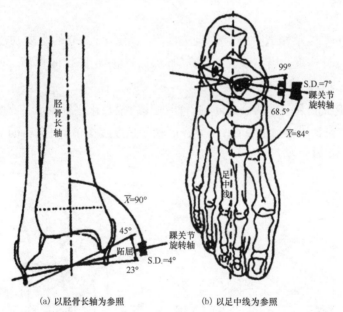

(a) 以胫骨长轴为参照   (b) 以足中线为参照

图 4-19 踝关节旋转轴(图片来源:《足外科临床解剖学》,$\bar{X}$ 为平均值,S. D. 为标准差)

2. 距下关节

距下关节是指距骨与跟骨间的关节,是后足生物力学的中心和足部稳定的重要枢纽结构。距下关节的运动很复杂,对于传导运动至前足和保持步态、协同踝关节旋转活动具有重要作用。

距下关节运动轴,俯视角度平均为 23°,范围 4°~47°;侧视平均 41°,范围 20.5°~68.5°,该轴经由距骨到跟骨前、后关节面交界处,如图 4-20 所示。

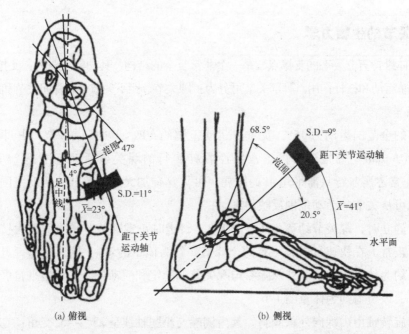

(a) 俯视　　　　　　　　　　(b) 侧视

图 4 – 20　距下关节运动轴（图片来源：《足外科临床解剖学》，$\overline{X}$ 为平均值，S. D. 为标准差）

3. 跗骨间关节

跗骨间关节主要包括跟骰关节、距舟关节等，跗骨间关节的主要功能是：人体行走时，它可以负荷部分体重，当足跟离地抬高时，可起到固定距骨的作用，便于足跟部与距部之间产生伸曲、内收、外展与旋转等活动。

跗骨间关节有纵轴和斜轴两个运动轴。侧视其斜轴与水平面交角平均52°，纵轴与水平面交角15°；俯视其斜轴与足纵线呈64°，纵轴与足纵线交角呈16°，如图 4 – 21 所示。

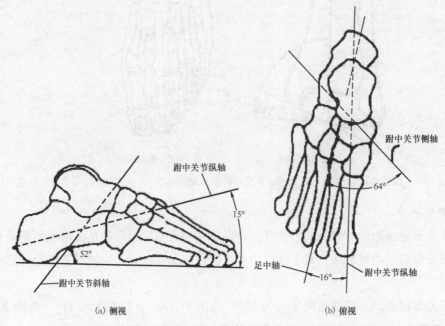

(a) 侧视　　　　　　　　　　(b) 俯视

图 4 – 21　跗骨间关节运动轴（图片来源：《足外科临床解剖学》）

4. 跖趾关节

跖趾关节作为一个整体来看其横轴是斜行的，与足纵轴呈 50°~70°。5 个跖趾关节的连线呈弧形。步行时，体重负荷分散在所有跖骨头上。拇指的跖趾关节活动度很大，从 30°屈曲至 90°伸直。

第一跖趾关节运动轴有两条，一个是垂直轴，可作水平面上的内收和外展；另一个是横轴，可作矢状面上的屈和伸，第一跖趾关节运动轴如图 4-22 所示。

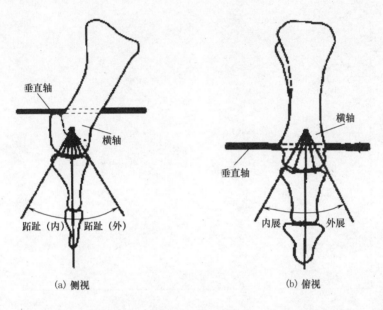

(a) 侧视　　　　　　　　　　　(b) 俯视

图 4-22　第一跖趾关节运动轴（图片来源：《足外科临床解剖学》）

复习题

1. 什么是生物力学？它的主要研究领域有哪些？
2. 什么是运动生物力学？它的主要研究任务是什么？
3. 如何将运动生物力学运用到制鞋领域？
4. 什么是人体工程学？在制鞋领域里的应用主要集中在哪些方面？
5. 什么叫应力、应变和弹性模量？
6. 什么叫张力、剪力？
7. 简述牛顿第三定律在鞋类设计中的应用。
8. 简述生物力学中脚底静态受力的基本模式。
9. 一个步态周期分哪几个相？
10. 踝关节的主要功能有哪些？
11. 试述脚底受力的"三点支撑理论"。
12. 试述脚底静态受力分析。

第五章

鞋楦基础知识

第五章　鞋楦基础知识

第一节　鞋楦的分类

鞋楦的分类有很多种，可从制作材料、穿着对象、鞋的材料和功能、制楦工艺、鞋跟高度等方面区分。

一、以制作材料分类

1. 木楦

在大规模使用塑料鞋楦之前，世界上所有皮鞋厂均使用木楦，木制鞋楦具有轻便、含钉力强的优点。以往制作木楦所用的木材有色木、桦木、青冈木、枫木、杜木、鹅耳枥木、槭木、柞木、山毛榉木、栲木、梨木、铁刀木等，我国的木楦大多产于东北。现在，虽然木楦已经被塑料楦全面替代，但是在国际上一些精品高档标样楦还是用木楦来做，大师尤其如此。这是因为木楦经最后刨光后光洁度比较好，另外，木楦本身具有天然的纹理，能给人一种美的感受。所以，在欧洲，越是著名的制楦大师越偏好于用木材来制作标样楦，以充分标榜自己的地位。

2. 金属楦

金属楦以铝楦为主。在制鞋领域中，模压鞋、硫化鞋、注塑鞋均使用铝楦来生产。此外，由于楦头较薄较尖的流行女楦时，靠传统模式的刻楦机不易加工，所以一些经济欠发达地区的标样楦也采用铝材。也有个别地区用精密铸钢生产钢制金属楦。

3. 塑料楦

现在制楦企业中99%的鞋楦均选用塑料材质。由于塑料楦尺寸稳定，不受气候、温度、湿度的影响，并且"含钉"能力强、生产周期短、还可回收再利用，能为国家节约大量木材。所以得到快速普及。塑料楦一般采用高、低压合成聚乙烯树脂为原料，制作时先用注塑机将聚乙烯原料注射成楦坯，然后再用刻楦机进行粗刻和细刻，也有一次刻制成型的。塑料楦吸水能力差，所以绷帮后干燥时间较长。

二、其他分类方法

鞋楦还有很多其他分类方法，如从鞋的穿着对象区分，可分为男鞋楦、女鞋楦、儿童鞋楦及婴儿鞋楦、老年鞋楦等；还有一些特定人群穿着的鞋，如护士鞋楦、劳保鞋楦、军用鞋楦等。

　　以鞋的材料区分，可分为皮鞋楦、布鞋楦、胶鞋楦、塑料鞋楦等。

　　以鞋的功能区分，可分为正装皮鞋楦、浅口皮鞋楦、低腰皮鞋楦、高腰皮鞋楦、靴鞋楦、休闲鞋楦、拖鞋楦、凉鞋楦、运动鞋楦等。

　　以鞋楦的制作工艺区分，可分为手工制楦和机械制楦两种。

　　以鞋的鞋跟高度区分，可分无跟鞋楦、平跟鞋楦、中跟鞋楦和高跟鞋楦等。

第二节　鞋楦的基本造型

　　鞋楦的式样千变万化的，但主要区分在头部造型上。头部造型由头型和头式构成，头型——楦体前尖部位的形状，头式——楦体背中线向前方的走势。

一、鞋楦的头型

　　常用的鞋楦头型有尖头、圆头、方头、方圆头、偏头等。

1. 圆头型

　　圆头是鞋楦最基本的款式之一。曾在世界哥伦比亚博览会上特别展出的 100 多年前北阿撒巴斯卡猎人穿着的鹿皮鞋，就是小圆头型的款式。百年来流行过来的经典鞋型也多是圆头型。

　　圆头型可分为小圆头、圆头、大圆头等，样式如图 5 - 1 所示。小圆头主要用于成人鞋设计，流行性较强；圆头是比较常见的种类，常用于高档精品鞋款的设计，高级职业用鞋也常选用此种造型，如素头、三节头等；大圆头常用于儿童鞋、休闲鞋款的设计。

图 5 - 1　圆头型鞋楦

2. 尖头型

尖头楦也是比较常用的式样，在 20 世纪被反复加入流行元素中，并有愈演愈烈的趋势。尖头鞋深受时尚男女的喜爱，但同时它又是引起脚部畸形的重要原因之一。

尖头楦的款式很多，如尖圆头、尖方头、超长尖头型等。尖头型鞋楦如图 5 - 2 所示。

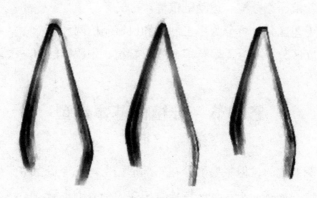

图 5 - 2　尖头型鞋楦

超长尖头又称大尖头，从人的安全角度上讲，以超过脚长 30mm 为极限。但随着流行的变化，近年来出现了超长 40mm 甚至 50mm 的款式，专业人士认为，过度的超长无论从安全、健康还是审美角度来看均不可取。

3. 方头型

方头楦是比较具有特色的式样，早在 17 世纪已经使用，主要用于男鞋。17 世纪末，法国路易十四在他建造的凡尔赛宫中就经常足蹬一双方头红色的高跟鞋；1865 年 4 月 14 日，美国的亚伯拉罕·林肯在福特剧院遭到暗杀时，穿的也是一双方头型黑色皮靴。方头型鞋在 20 世纪初期又流行于宫廷中，男女鞋均有使用。

方头型有小方头、方头、大方头等。小方头型楦和方头型楦多用于时装鞋的设计，大方头型楦多用于儿童鞋和休闲鞋的设计，近年来也多应用在中老年鞋的设计。方头型鞋楦如图 5 - 3 所示。

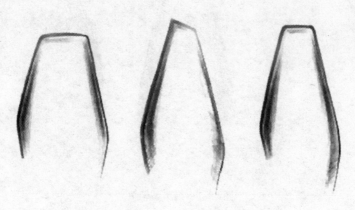

图 5 - 3　方头型鞋楦

4. 方圆头型

方圆头型同样分大、中、小三种，常用于儿童鞋及中老年鞋的设计。中、小方圆头带有很强的复古色彩，含蓄而典雅。设计师可根据流行而确定设计。方圆头鞋楦如图5-4所示。

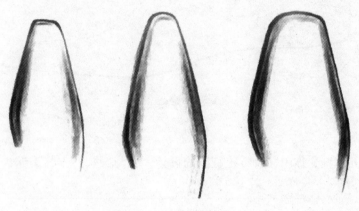

图5-4　方圆头鞋楦

5. 偏头型

偏头型是人类最古老的鞋型之一，大部分用于凉鞋和拖鞋的设计，也用于儿童鞋和时装休闲鞋的设计。在满帮鞋的使用上，偏头型具有很强的流行性，偏圆头鞋楦如图5-5所示。

图5-5　偏圆头型鞋楦

二、鞋楦的头式

常用的头式有平顺式、圆润式、奔起式、下收式、齐头式和铲式等。

1. 平顺式

又叫流线式，曲线走势平顺、自然，多配合尖头造型，适合流行鞋款的设计，如图5-6所示。

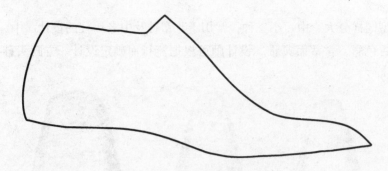

图5-6 平顺式鞋楦

2. 圆润式

主要用于儿童鞋、休闲鞋及传统鞋款的设计，多与圆头、方圆头配合，较适合脚型，如图5-7所示。

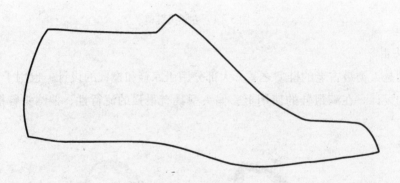

图5-7 圆润式鞋楦

3. 奔起式

又称鹰式、凸式、前奔式和高隆式。早多是用于军靴、安全鞋、劳保鞋的设计，高起部分用来加装厚包头或钢包头，以保护脚趾。由于它的造型独具特色，近些年常被用来设计少男少女鞋、篮球鞋、网球鞋等，如图5-8所示。

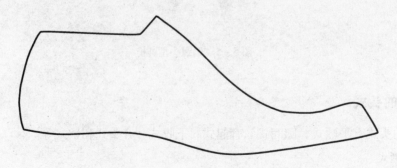

图5-8 奔起式鞋楦

4. 下收式

又叫下削式，主要用于特殊鞋的设计，如防护鞋靴等，也用于注塑鞋的设计。因其楦底部内收，可使注出的液体更具流动性，从而快速成型，如图5-9所示。

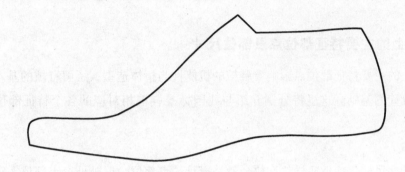

图5-9 下收式鞋楦

5. 齐头式

常与方头型、方圆头型配合，款式设计比较硬朗，因此早期多用于男鞋。现在男女鞋都有使用，且与流行有着密切的关系，如图5-10所示。

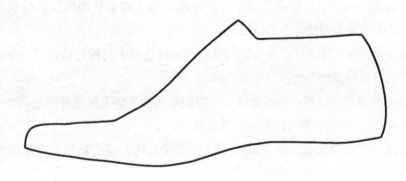

图5-10 齐头式鞋楦

6. 铲式

多用于高档时装鞋设计，也是流行变化中的重要元素，如图5-11所示。

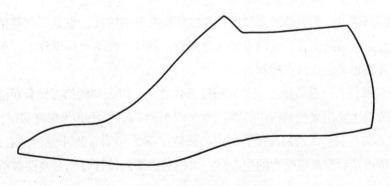

图5-11 铲式鞋楦

第三节　鞋楦的基本构成

一、鞋楦上的主要特征部位点及部位尺寸

鞋楦上的主要特征部位点影响着鞋楦的机能性与楦体造型，了解鞋楦的基本术语，是学习鞋楦设计的基础。这里将分别介绍与我国标准鞋楦相对应的各个特征部位的名称及尺寸。

1. 长度

楦底长度尺寸包括楦底样长、放余量、拇趾端点部位、拇趾外突点部位、小趾外突点部位、第一跖趾部位、第五跖趾部位、腰窝部位、踵心部位、后容差。

（1）楦底样长：楦底轴线的曲线长度（图5－12）①为楦底样长。

（2）鞋楦放余量：楦底轴线上，脚趾端点到楦底前端点的长度（图5－12），图中②为放余量。

（3）脚趾端点部位长：楦底轴线上，后跟端点到人脚最长的脚趾前端点部位的长度（图5－12），图中③为脚趾端点部位长。

脚趾端点是控制楦体长度、楦头宽与高的特征部位点，何种鞋的长度与厚度都应在此处放出余量，以保持脚趾有足够的活动空间。

（4）拇趾外突点部位长：楦底轴线上，后跟端点到人脚大拇趾外侧最向外凸点部位的长度（图5－12），图中④为拇趾外突点部位长。

（5）小趾外突点部位长：楦底轴线上，后跟端点到人脚小趾最突点部位的长度（图5－12），图中⑤为小趾外突点部位长。

（6）第一跖趾部位长：楦底轴线上，后跟端点到人脚的第一跖趾关节部位的长度（图5－12），图中⑥为第一跖趾部位长。

（7）第五跖趾部位长：楦底轴线上，后跟端点到人脚的第五跖趾关节部位的长度（图5－12），图中⑦为第五跖趾部位长。

第一跖趾部位点、第五跖趾部位点是连接跖趾关节的轴线，也是影响鞋楦机能性与造型的重要部位点。跖趾围长是这两点之间的围长。同样，在楦底样设计上，第一跖趾里宽和第五跖趾外宽也是由这两点控制的。

（8）腰窝部位长：鞋楦踵心至第五跖趾部位之间，以人脚的第五跖骨粗隆部位点确定的。腰窝部位点主要用来控制楦中后部尺寸（图5－12），图中⑧为腰窝部位长。

（9）踵心部位长：人脚后跟受力的中心部位（图5－12），图中⑨为踵心部位长。

踵心部位点是后跟部位受力的中心点，对楦后跟部的设计特别是高跟鞋的设计有着重要的意义。

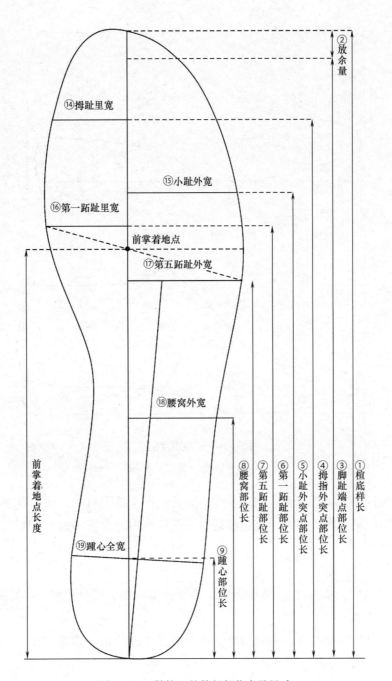

图 5－12　鞋楦上的特征部位点及尺寸

（10）后容差：楦底后端点与后跟突点间的投影距离（图 5－13）。

2. 围度

鞋楦的围度尺寸包括楦跖围、楦跗围及兜跟围。

（1）跖围：楦的第一跖趾里宽点与第五跖趾外宽点间围长（图 5－14），图中 A 表示鞋楦跖趾围度尺寸。

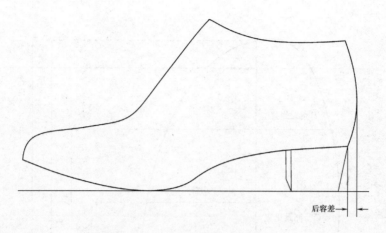

图 5 – 13　后容差示意图

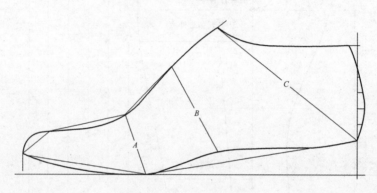

图 5 – 14　鞋楦围度示意图

A—跖围　*B*—跗围　*C*—兜跟围

（2）跗围：楦的腰窝外宽点绕过楦背一周的围长（图 5 – 14），图中 *B* 表示附围尺寸。

（3）兜围：楦的统口前端点绕过楦后弧下端点一周的围长（图 5 – 14），图中 *C* 表示兜跟围尺寸。

3. 宽度

宽度尺寸包括：基本宽度、拇趾里宽、小趾外宽、第一跖趾里宽、第五跖趾外宽、腰窝外宽、踵心全宽。

（1）基本宽度：楦底的第一跖趾里宽加上第五跖趾外宽（图 5 – 12），图中⑯＋⑰为基本宽度。

（2）拇趾里宽：楦底的拇趾外凸点部位的楦底里段宽度（图 5 – 12），图中⑭为拇趾里宽。

（3）小趾外宽：楦底的小趾外突点部位的楦底外段宽度（图 5 – 12），图中⑮为小趾外宽。

（4）第一跖趾里宽：楦底的第一跖趾部位的楦底里段宽度（图 5 – 12），图中⑯为第一跖趾里宽。

（5）第五跖趾外宽：楦底的第五跖趾部位的楦底外段宽度（图 5 – 12），图中⑰为第五跖趾外宽。

（6）腰窝外宽：楦底腰窝部位的楦底外段宽度（图5－12），图中⑱为腰窝外宽。

（7）踵心全宽：楦底踵心部位与分踵线垂直的全部宽度（图5－12），图中⑲为踵心全宽。

4. 楦体尺寸

楦体尺寸包括：总前跷、前跷、后跷高、头厚、后跟突点、高后身高、前掌凸度、底心凹度、踵心凸度、统口宽、统口长、楦斜长。

（1）总前跷：鞋楦无后跷时的前跷高度（图5－15），图中 A 表示总前跷尺寸。

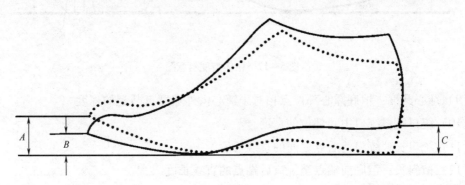

图5－15　鞋楦总前跷、前跷和后跷

（2）前跷：楦底前端点在基础坐标里的高度（图5－15），图中 B 表示前跷尺寸。

（3）后跷：楦体前掌凸点在与平面接触时，鞋楦后端点距平面的高度（后跟高），（图5－15），图中 C 表示后跷尺寸。

（4）头厚：楦体脚趾端点部位的厚度（图5－16）。

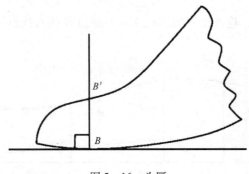

图5－16　头厚

（5）后跟突点高：脚的后跟骨突出点至脚底着地面的垂直距离 h_1，如图5－17所示。

（6）后身高：楦体统口后点到楦底后端点的直线距离 h_3，如图5－17所示。

（7）前掌凸度：楦底前掌凸度部位点相对于第一跖趾里宽和第五跖趾外宽点凸起的程度。

（8）底心凹度：楦底腰窝部位相对于前掌和踵心凸度点的凹进程度。

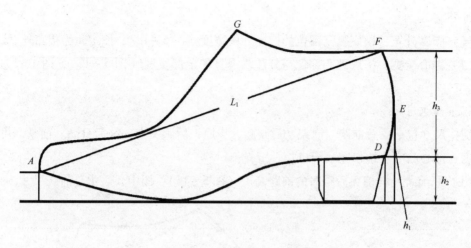

图 5 – 17　楦体高度示意图

（9）踵心凸度：楦底踵心部位点相对于踵心内外宽度点凸起的程度。

（10）统口宽：统口中间部位的宽度。

（11）统口长：统口前后点之间的直线长度。

（12）楦斜长：楦底前端点至统口后端点的直线长度。

二、鞋楦的基本控制线

　　鞋楦是由不同曲面组成的三维物体，而不同的曲面又是由不同的曲线相互连接组合而成的。在楦体中，既能显示特性及功能又有相互依赖关系的连接曲线，叫做鞋楦的基本控制线。

　　鞋楦的基本控制线有楦底中心线、楦底分踵线、背中线、后弧线、统口线。

1. 鞋楦底面控制线

（1）鞋楦底中心线：连接楦底前端点 A 和后端点 B 的直线（图 5 – 18）。

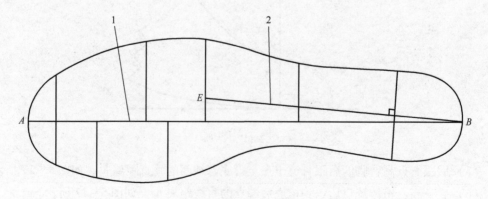

图 5 – 18　鞋楦底面控制线

1—鞋楦底中心线　2—踵心线

（2）楦底分踵线：鞋楦底踵心全宽的垂直平分线 BE，如图 5 –18 所示。

2. 鞋楦纵剖面控制线

（1）楦底中轴线：鞋楦纵剖面上，楦底前端点 A 至后端点 B 之间的曲线（图 5 –19）。

（2）背中线：鞋楦纵剖面上楦底前端 A 与统口前点 C 之间的曲线（图 5 –19）。

（3）后弧线：鞋楦纵剖面上楦底后端点 B 与统口后点 D 之间的曲线（图 5 –19）。

（4）统口线：在鞋楦纵剖面上统口前端点 C 与后端点 D 之间的曲线（图 5 –19）。

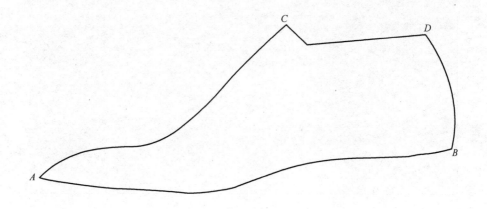

图 5 –19　楦体侧面图

复习题

1. 试述鞋楦的分类。

2. 鞋楦按制作材料分为几类？它们各自适用于哪些鞋类？

3. 什么叫鞋楦的头型？鞋楦的头型主要有哪几种？

4. 什么叫鞋楦的头式？鞋楦的头式主要有哪几种？

5. 鞋楦的尖型、圆型、方头型各有什么特点？

6. 鞋楦设计中常用的部位点有哪些？分别有何作用？

7. 楦底长度尺寸包括哪些部位？画出楦底各部位长度尺寸。

8. 什么叫后容差？

9. 楦体尺寸包括哪些部位？

10. 鞋楦的基本控制线有哪些？

第六章

鞋号及鞋楦尺寸系列

第六章　鞋号及鞋楦尺寸系列

鞋号是表示鞋的大小、肥度的标识。不同国家的鞋号尺度是依据其常用的度量单位、习惯用法及主体民族的脚型特征制定的，故不可能相同，也很难统一。

第一节　中国鞋号及鞋楦尺寸系列

我国早期主要生产布鞋，旧鞋号中布鞋是以市尺标记的，又叫上海号，如7寸8、6寸2等，号差1分约等于3.33mm。我国台湾省鞋号是在此基础上将寸变为分，如7寸8等于78分，即为78号。大陆开始生产皮鞋后，一部分改用类似法国号标注，如将78除以2，就成为39号。

我国第一个鞋号标准的制定，是以1965～1968年第一次全国性的脚型规律测量结果为依据的。1965年和1968年组建了一支数百人的制鞋科研队伍，先后两次共用6个月的时间，深入到全国各地，了解达数十万人的脚型，掌握了我国脚型大量的第一手资料。在此基础上制定了《GB/T 3293—1982 中国鞋号及鞋楦系列》国家标准。该标准的特点是以脚长为基础编码制定的，单位是采用厘米制。1998年1月6日，我国颁布了《GB/T 3293.1—1998 鞋号》国家标准，将厘米制改为毫米制，即脚长250mm，就穿250的鞋。该标准采用毫米制与《ISO 9407—1991 鞋号—世界鞋号的尺寸和标记体系》所采用的单位毫米制一致。

一、我国鞋号的特点

1. 我国鞋号是以脚长为基础编码

目前世界其他国家常用的鞋号，大部分都是以鞋子的内长，即鞋楦底样长为制定鞋号的基础。这种编码的缺点是鞋楦底样长是随鞋的品种、款式的变化而变化的，没有跟脚建立联系。因此对于同一个人，不仅穿不同品种的鞋，鞋号可能不一样，就是穿同一品种、不同式样的鞋，鞋号也可能不同，给消费者和商业管理带来了不便。

而我国鞋号是以脚长为基础编码的，简单明了地表现了脚与鞋的内在关系，即脚长多少就穿多少号的鞋。如脚长250mm（包括248～252mm），就穿250号的鞋。具体到各个品种、式样鞋的楦底样长度，则要考虑鞋的特点、材料性能、加工工艺以及穿着要求等因素，以保证这个号型穿上合脚舒适为目的，反复实验来确定。所以，可以保证同一个人穿任何品种、任何式样的鞋都是同一号型。这就是我国鞋号能够统一的原因，也是我国鞋号与其他国家鞋号根本的区别。

2. 我国鞋号是以我国人群脚型规律为基础制定的

我国鞋号是以我国人群脚型规律为基础制定的，号差为10mm，半号差为5mm，从婴儿90号开始，到成人鞋275号截止，跨度很大。其中包括5个鞋型，中间还有半型，基本满足了我国人群穿着的鞋号范围。

3. 我国鞋号利于实现制鞋工业的现代化

我国鞋号的使用，有利于制鞋工业采用新材料、新工艺、新技术和新设备，有利于实现鞋部件装配的自动化。在电子商务发展迅速的当今社会，我国鞋号可作为网上购鞋准确的参考。

二、我国鞋号的分档及中间号

1. 成人鞋楦分档及中间号

成人的鞋号分档及中间号如表6-1所示。

表6-1 成人的鞋号分档及中间号

性 别	鞋号分档	中间号	备 注
女	220~250	235	250以上为特大号
男	235~275	255	275以上为特大号

2. 儿童鞋楦分档及中间号

儿童鞋号分档及中间号如表6-2所示。

表6-2 儿童鞋号分档及中间号

类 别	分 档	中间号
婴儿	90~125	110
小童	130~170	150
中童	175~205	190
大童	210~245	225

三、我国鞋号的号差及型差

我国人口众多，脚长和脚肥的变化都很大，如女鞋鞋号的分档为220~250，涉及的跨度较大。同样，我国人群脚型规律表明，在脚长相同的情况下，跖围的尺寸也相差很大，如我国成年男子的全距值（最大值－最小值）为75mm，也就是说，同样的脚长，肥瘦相差达到 75mm。为了满足多种肥度脚型的需要，我国鞋号中成人部分安排了五个型，从瘦到肥依次为一型、二型……五型。儿童部分安排了三个型，即一、二、三型。我国成年女性常用一型半、二型；成年男性和儿童常用二型、二型半。

在介绍鞋号及鞋楦尺寸系列之前，我们先要了解有关鞋号及鞋楦尺寸的几个基本概念：

1. 鞋号

表示鞋长度尺寸，如我国鞋号中的 230 号、240 号、260 号等。

2. 型号

表示鞋围度（肥度）尺寸，如我国鞋号中的一型、一型半、二型、三型等。

3. 长度号差（号差）

相邻长度号之间的长度等差，如我国鞋号中的 230 号与 240 号之间的号差是 10mm，半号差为 5mm。

4. 跖围号差（围差）

相邻长度号之间的跖围等差，如我国鞋号中男鞋 250 号的三型跖围尺寸 242.0mm，260 号的三型跖围尺寸 249.0mm，它们之间的围差是 7mm，跖围半号差为 3.5mm。

5. 型差

相邻型号之间的跖围等差，如我国鞋号中男鞋 250 号的二型跖围尺寸 235mm，三型跖围尺寸 242mm，型差是 7mm，跖围半型差为 3.5mm。

四、我国鞋楦的主要特征尺寸

以素头皮鞋楦为例。男素头皮鞋楦主要特征部位尺寸系列如表 6 - 3 所示；女素头皮鞋楦主要特征部位尺寸系列如表 6 - 4 所示；小童素头皮鞋楦主要特征部位尺寸系列如表 6 - 5 所示；中童素头皮鞋楦主要特征部位尺寸系列如表 6 - 6 所示；大童素头皮鞋楦主要特征部位尺寸系列如表 6 - 7 所示。

表6 - 3　男素头皮鞋楦主要特征部位尺寸系列　　　　单位：mm

号型		鞋　　号	235	240	245	250	255	260	265	270	275	等　差
		楦底样长	250.0	255.0	260.0	265.0	270.0	275.0	280.0	285.0	290.0	
一型		跖　围	218.5	222.0	225.5	229.0	232.5	236.0	239.5	243.0	246.5	±3.5
		跗　围	221.9	225.5	229.1	232.7	236.3	239.9	243.5	247.1	250.7	±3.6
		基本宽度	80.2	81.5	82.8	84.1	85.4	86.7	88.0	89.3	90.6	±1.3
		踵心宽度	54.2	55.1	56.0	56.9	57.8	58.7	59.6	60.5	61.4	±0.9
一型半		跖　围	222.0	225.5	229.0	232.5	236.0	239.5	243.0	246.5	250.0	±3.5
		跗　围	225.5	229.1	232.7	236.3	239.9	243.5	247.1	250.7	254.3	±3.6
		基本宽度	81.5	82.8	84.1	85.4	86.7	88.0	89.3	90.6	91.9	±1.3
		踵心宽度	55.1	56.0	56.9	57.8	58.7	59.6	60.5	61.4	62.3	±0.9

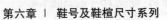

续表

号型	鞋号	235	240	245	250	255	260	265	270	275	等差
	楦底样长	250.0	255.0	260.0	265.0	270.0	275.0	280.0	285.0	290.0	
二型	跖围	225.5	229.0	232.5	236.0	239.5	243.0	246.5	250.0	253.5	±3.5
	跗围	229.1	232.7	236.3	239.9	243.5	247.1	250.7	254.3	257.9	±3.6
	基本宽度	82.8	84.1	85.4	86.7	88.0	89.3	90.6	91.9	93.2	±1.3
	踵心宽度	56.0	56.9	57.8	58.7	59.6	60.5	61.4	62.3	63.2	±0.9
二型半	跖围	229.0	232.5	236.0	239.5	243.0	246.5	250.0	253.5	257.0	±3.5
	跗围	232.7	236.3	239.9	243.5	247.1	250.7	254.3	257.9	261.5	±3.6
	基本宽度	84.1	85.4	86.7	88.0	89.3	90.6	91.9	93.2	94.5	±1.3
	踵心宽度	56.9	57.8	58.7	59.6	60.5	61.4	62.3	63.2	64.1	±0.9
三型	跖围	232.5	236.0	239.5	243.0	246.5	250.0	253.5	257.0	260.5	±3.5
	跗围	236.3	239.9	243.5	247.1	250.7	254.3	257.9	261.5	265.1	±3.6
	基本宽度	85.4	86.7	88.0	89.3	90.6	91.9	93.2	94.5	95.8	±1.3
	踵心宽度	57.8	58.7	59.6	60.5	61.4	62.3	63.2	64.1	65.0	±0.9
三型半	跖围	236.0	239.5	243.0	246.5	250.0	253.5	257.0	260.5	264.0	±3.5
	跗围	239.9	243.5	247.1	250.7	254.3	257.9	261.5	265.1	268.7	±3.6
	基本宽度	86.7	88.0	89.3	90.6	91.9	93.2	94.5	95.8	97.1	±1.3
	踵心宽度	58.7	59.6	60.5	61.4	62.3	63.2	64.1	65.0	65.9	±0.9
四型	跖围	239.5	243.0	246.5	250.0	253.5	257.0	260.5	264.0	267.5	±3.5
	跗围	243.5	247.1	250.7	254.3	257.9	261.5	265.1	268.7	272.3	±3.6
	基本宽度	88.0	89.3	90.6	91.9	93.2	94.5	95.8	97.1	98.4	±1.3
	踵心宽度	59.6	60.5	61.4	62.3	63.2	64.1	65.0	65.9	66.8	±0.9

表6-4　女素头皮鞋楦主要特征部位尺寸系列　　　单位：mm

号型	鞋号	220	225	230	235	240	245	250	等差
	楦底样长	232.0	237.0	242.0	247.0	252.0	257.0	262.0	
半型	跖围	204.5	208.0	211.5	215.0	218.5	222.0	225.5	±3.5
	跗围	203.5	207.0	210.5	214.0	217.5	221.0	224.5	±3.5
	基本宽度	72.8	74.0	75.2	76.4	77.6	78.8	80.0	±1.2
	踵心宽度	48.5	49.3	50.1	50.9	51.7	52.5	53.3	±0.8
一型	跖围	208.0	211.5	215.0	218.5	222.0	225.5	229.0	±3.5
	跗围	207.0	210.5	214.0	217.5	221.0	224.5	228.0	±3.5
	基本宽度	74.0	75.2	76.4	77.6	78.8	80.0	81.2	±1.2
	踵心宽度	49.3	50.1	50.9	51.7	52.5	53.3	54.1	±0.8

号 型	鞋　号	220	225	230	235	240	245	250	等差
	楦底样长	232.0	237.0	242.0	247.0	252.0	257.0	262.0	
一型半	跖　围	211.5	215.0	218.5	222.0	225.5	229.0	232.5	±3.5
	跗　围	210.5	214.0	217.5	221.0	224.5	228.0	231.5	±3.5
	基本宽度	75.2	76.4	77.6	78.8	80.0	81.2	82.4	±1.2
	踵心宽度	50.1	50.9	51.7	52.5	53.3	54.1	54.9	±0.8
二型	跖　围	215.0	218.5	222.0	225.5	229.0	232.5	236.0	±3.5
	跗　围	214.0	217.5	221.0	224.5	228.0	231.5	235.0	±3.5
	基本宽度	76.4	77.6	78.8	80.0	81.2	82.4	83.6	±1.2
	踵心宽度	50.9	51.7	52.5	53.3	54.1	54.9	55.7	±0.8
二型半	跖　围	218.5	222.0	225.5	229.0	232.5	236.0	239.5	±3.5
	跗　围	217.5	221.0	224.5	228.0	231.5	235.0	238.5	±3.5
	基本宽度	77.6	78.8	80.0	81.2	82.4	83.6	84.8	±1.2
	踵心宽度	51.7	52.5	53.3	54.1	54.9	55.7	56.5	±0.8
三型	跖　围	222.0	225.5	229.0	232.5	236.0	239.5	243.0	±3.5
	跗　围	221.0	224.5	228.0	231.5	235.0	238.5	242.0	±3.5
	基本宽度	78.8	80.0	81.2	82.4	83.6	84.8	86.0	±1.2
	踵心宽度	52.5	53.3	54.1	54.9	55.7	56.5	57.3	±0.8
三型半	跖　围	225.5	229.0	232.5	236.0	239.5	243.0	246.5	±3.5
	跗　围	224.5	228.0	231.5	235.0	238.5	242.0	245.5	±3.5
	基本宽度	80.0	81.2	82.4	83.6	84.8	86.0	87.2	±1.2
	踵心宽度	53.3	54.1	54.9	55.7	56.5	57.3	58.1	±0.8

注　本表系后跷高为40mm的圆楦头。

表6-5　小童素头皮鞋楦主要特征部位尺寸系列　　　　　　单位：mm

号 型	鞋　号	130	135	140	145	150	155	160	165	170	等差
	楦底样长	140.0	145.0	150.0	155.0	160.0	165.0	170.0	175.0	180.0	
一型半	跖　围	148.5	152.0	155.5	159.0	162.5	166.0	169.5	173.0	176.5	±3.5
	跗　围	152.1	155.7	159.3	162.9	166.5	170.1	173.7	177.3	180.9	±3.6
	基本宽度	52.9	54.2	55.5	56.8	58.1	59.4	60.7	62.0	63.3	±1.3
	踵心宽度	35.8	36.7	37.6	38.5	39.4	40.3	41.2	42.1	43.0	±0.9
二型	跖　围	152.0	155.5	159.0	162.5	166.0	169.5	173.0	176.5	180.0	±3.5
	跗　围	155.7	159.3	162.9	166.5	170.1	173.7	177.3	180.9	184.5	±3.6
	基本宽度	54.2	55.5	56.8	58.1	59.4	60.7	62.0	63.3	64.6	±1.3
	踵心宽度	36.7	37.6	38.5	39.4	40.3	41.2	42.1	43.0	43.9	±0.9

续表

号 型	鞋 号	130	135	140	145	150	155	160	165	170	等 差
	楦底样长	140.0	145.0	150.0	155.0	160.0	165.0	170.0	175.0	180.0	
二型半	跖 围	155.5	159.0	162.5	166.0	169.5	173.0	176.5	180.0	183.5	±3.5
	跗 围	159.3	162.9	166.5	170.1	173.7	177.3	180.9	184.5	188.1	±3.6
	基本宽度	55.5	56.8	58.1	59.4	60.7	62.0	63.3	64.6	65.9	±1.3
	踵心宽度	37.6	38.5	39.4	40.3	41.2	42.1	43.0	43.9	44.8	±0.9

表6-6　中童素头皮鞋楦主要特征部位尺寸系列　　　单位：mm

号 型	鞋 号	175	180	185	190	195	200	205	等 差
	楦底样长	185.0	190.0	195.0	200.0	205.0	210.0	215.0	
一型半	跖 围	180.0	183.5	187.0	190.5	194.0	197.5	201.0	±3.5
	跗 围	183.8	187.4	191.0	194.6	198.2	201.8	205.4	±3.6
	基本宽度	64.6	65.9	67.2	68.5	69.8	71.1	72.4	±1.3
	踵心宽度	43.7	44.6	45.5	46.4	47.3	48.2	49.1	±0.9
二型	跖 围	183.5	187.0	190.5	194.0	197.5	201.0	204.5	±3.5
	跗 围	187.4	191.0	194.6	198.2	201.8	205.4	209.0	±3.6
	基本宽度	65.9	67.2	68.5	69.8	71.1	72.4	73.7	±1.3
	踵心宽度	44.6	45.5	46.4	47.3	48.2	49.1	50.0	±0.9
二型半	跖 围	187.0	190.5	194.0	197.5	201.0	204.5	208.0	±3.5
	跗 围	191.0	194.6	198.2	201.8	205.4	209.0	212.6	±3.6
	基本宽度	67.2	68.5	69.8	71.1	72.4	73.7	75.0	±1.3
	踵心宽度	45.5	46.4	47.3	48.2	49.1	50.0	50.9	±0.9

表6-7　大童素头皮鞋楦主要特征部位尺寸系列　　　单位：mm

号 型	鞋 号	210	215	220	225	230	235	240	245	等 差
	楦底样长	220.0	225.0	230.0	235.0	240.0	245.0	250.0	255.0	
一型	跖 围	201.0	204.5	208.0	211.5	215.0	218.5	222.0	225.5	±3.5
	跗 围	205.4	209.0	212.6	216.2	219.8	223.4	227.0	230.6	±3.6
	基本宽度	72.4	73.7	75.0	76.3	77.6	78.9	80.2	81.5	±1.3
	踵心宽度	49.1	50.0	50.9	51.8	52.7	53.6	54.5	55.4	±0.9
一型半	跖 围	204.5	208.0	211.5	215.0	218.5	222.0	225.5	229.0	±3.5
	跗 围	209.0	212.6	216.2	219.8	223.4	227.0	230.6	234.2	±3.6
	基本宽度	73.7	75.0	76.3	77.6	78.9	80.2	81.5	82.8	±1.3
	踵心宽度	50.0	50.9	51.8	52.7	53.6	54.5	55.4	56.3	±0.9

号 型	鞋 号	210	215	220	225	230	235	240	245	等 差
	楦底样长	220.0	225.0	230.0	235.0	240.0	245.0	250.0	255.0	
二型	跖 围	208.0	211.5	215.0	218.5	222.0	225.5	229.0	232.5	±3.5
	跗 围	212.6	216.2	219.8	223.4	227.0	230.6	234.2	237.8	±3.6
	基本宽度	75.0	76.3	77.6	78.9	80.2	81.5	82.8	84.1	±1.3
	踵心宽度	50.9	51.8	52.7	53.6	54.5	55.4	56.3	57.2	±0.9
二型半	跖 围	211.5	215.0	218.5	222.0	225.5	229.0	232.5	236.0	±3.5
	跗 围	216.2	219.8	223.4	227.0	230.6	234.2	237.8	241.4	±3.6
	基本宽度	76.3	77.6	78.9	80.2	81.5	82.8	84.1	85.4	±1.3
	踵心宽度	51.8	52.7	53.6	54.5	55.4	56.3	57.2	58.1	±0.9
三型	跖 围	215.0	218.5	222.0	225.5	229.0	232.5	236.0	239.5	±3.5
	跗 围	219.8	223.4	227.0	230.6	234.2	237.8	241.4	245.3	±3.6
	基本宽度	77.6	78.9	80.2	81.5	82.8	84.1	85.4	86.7	±1.3
	踵心宽度	52.7	53.6	54.5	55.4	56.3	57.2	58.1	59.0	±0.9

第二节　外销鞋鞋号及鞋楦尺寸系列

一、外销鞋楦的基本特征部位

外销鞋楦的基本特征部位也是由楦底样长度、楦围度及楦宽度组成，但其度量的位置、点的选择与我国有着一定差异。

1. 楦底样长度

楦底样长度是指鞋楦前后端点连接的曲线长度，与我国标准楦的度量部位和方法是一致的。

2. 楦围度

楦围度包括跖围、腰围、背围，测量方法如图 6-1 所示。

跖围：在楦轴线 NM 上，从 N 点向前量取楦底样长的 2/3 作踵心线 NO 的垂线，交点 A 即为着地点，位于跖趾关节连线上，过 A 点绕鞋楦测量一周（软尺要紧贴鞋楦），称跖围。

腰围：在楦轴线 NM 上，从 N 点向前量取楦底样长约 1/2 或略长作踵心线 NO 的垂线，交于 B 点，过 B 点用软尺紧贴鞋楦测量一周，称腰围。

背围：在楦轴线 NM 上，从 N 点向前量取楦底样长的 1/4 作踵心线 NO 的垂线，交于 C 点，过 C 点用软尺紧贴鞋楦测量一周，称背围。

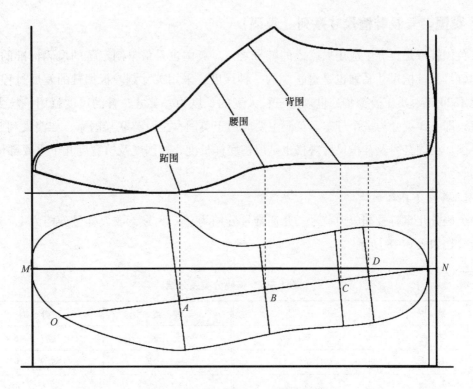

图 6-1 跖围、腰围、背围的测量

3. 楦底宽度

楦底宽度是由脚掌宽度和后跟宽度控制的。

脚掌宽度：在 NM 轴线上向前量取 2/3 楦底样长作直线 A_1A_2，与 NM 线约呈 $70° \sim 80°$ 夹角，如图 6-2 所示。

后跟宽度：在 NM 轴线上向前量取 1/6 楦底样长，作 NO 线的垂直线 C_1C_2，如图 6-2 所示。

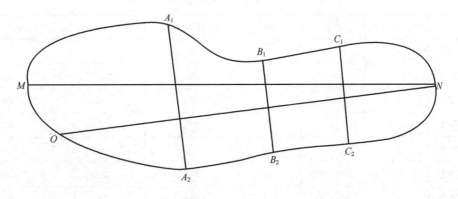

图 6-2 楦底宽度

二、英国鞋号及鞋楦尺寸系列（英码）

英国鞋号是世界上应用最广泛的鞋号之一。英国也是最早制定鞋的尺码标准的国家，英国鞋号及鞋楦尺寸系列也是最正统的一种尺度，采用英寸制。根据鞋的发展过程记载，公元1324年，英王爱德华二世规定三粒大麦的长度为一英寸，鞋的尺度就用一粒大麦的长度，即1/3英寸为一个号差。英码主要应用于英国本土及英联邦国家，如澳大利亚、南非等国。英国鞋号及鞋楦尺度规格也是以楦底样长度、楦围度及楦宽度几个重要部位来标示的。

1. 英码分类及分档

英码分儿童鞋号和成人鞋号。儿童鞋号分档为0~13号，成人鞋号分档为1~12号，英码分档如表6-8所示。

表6-8　英码分类及分档

类　别	分　档	种　类	分　档
婴　儿	儿童 0~6	大　童	成人 3~6
小　童	儿童 7~11	成年女性	成人 3~9
中　童	儿童 12~成人 2	成年男性	成人 5~12

2. 楦底样长度规格

英码的长度号差是1/3英寸，即8.46mm（1英寸=25.4mm），长度半号差4.23mm。为使楦底样长度尽量成整数，长度号差采用4、4、4、5、4、4……排列方式。

英国鞋楦尺度中基本分三类，凉鞋鞋楦、满帮鞋鞋楦和运动鞋鞋楦。满帮鞋楦底样长度比凉鞋楦长5mm，运动鞋楦底样长度比满帮鞋长5mm。如表6-9所示。

表6-9　英码鞋号分类及楦底样长度表　　　　　　　　　　单位：mm

类别	鞋号	类别	鞋号	凉鞋楦底样长	满帮鞋楦底样长	运动鞋楦底样长
成年男性	12	—	—	306	311	316
成年男性	11.5	—	—	302	307	312
成年男性	11	—	—	298	303	308
成年男性	10.5	—	—	293	298	303
成年男性	10	—	—	289	294	299
成年男性	9.5	成年女性	10	285	290	295
成年男性	9	成年女性	9.5	281	286	291
成年男性	8.5	成年女性	9	277	282	287

续表

类别	鞋号	类别	鞋号	凉鞋楦底样长	满帮鞋楦底样长	运动鞋楦底样长
成年男性	8	成年女性	8.5	272	277	282
成年男性	7.5	成年女性	8	268	273	278
成年男性	7	成年女性	7.5	264	269	274
成年男性	6.5	成年女性	7	260	265	270
青少年	6	成年女性	6.5	255	260	265
青少年	5.5	成年女性	6	251	256	261
青少年	5	成年女性	5.5	247	252	257
青少年	4.5	成年女性	5	243	248	253
青少年	4	成年女性	4.5	239	244	249
青少年	3.5	成年女性	4	234	239	244
青少年	3	少女	3.5	230	235	240
青少年	2.5	少女	3	226	231	236
青少年	2	少女	2.5	222	227	232
大童	1.5	少女	2	217	222	227
大童	1	少女	1.5	213	218	223
大童	13.5	少女	1	209	214	219
大童	13	少女	13.5	205	210	215
大童	12.5	少女	13	201	206	211
大童	12	少女	12.5	196	201	206
大童	11.5	少女	12	192	197	202
大童	11	少女	11.5	188	193	198
大童	10.5	少女	11	184	189	194
中童	10	少女	10.5	179	184	189
中童	9.5	—	—	175	180	185
中童	9	—	—	171	176	181
中童	8.5	—	—	167	172	177
中童	8	—	—	162	167	172
中童	7.5	—	—	158	163	168
中童	7	—	—	154	159	164
婴儿	6.5	—	—	150	155	160
婴儿	6	—	—	146	151	156
婴儿	5.5	—	—	141	146	151
婴儿	5	—	—	137	142	147
婴儿	4.5	—	—	133	138	143
婴儿	4	—	—	129	134	139

3. 鞋楦围度及宽度规格

（1）鞋楦围度：楦围度包括跖围、腰围和背围。一般在鞋楦规格表中，主要用跖围来表示（又称脚掌围度）。

男鞋楦的型号代码由 1、2、3、4、5、6……表示，女鞋楦的型号代码由 A、B、C、D、E、EE……表示。

跖围的号差为 1/4 英寸，即 6.35mm；一般型差也为 1/4 英寸，即 6.35mm，但特殊型差为 3/10 英寸，4.76mm，具体变化如表 6 - 10 所示。

表 6 - 10　英码男鞋楦围度尺寸表　　　　单位：mm

型/号	5	6	7	8	9	10	11	12	13	14
4	215.9	222.3	228.6	235.0	241.3	247.7	254.0	260.4	266.7	273.1
5	222.3	228.6	235.0	241.3	247.7	254.0	260.4	266.7	273.1	279.4
6	228.6	235.0	241.3	247.7	254.0	260.4	266.7	273.1	279.4	285.8
7	235.0	241.3	247.7	254.0	260.4	266.7	273.1	279.4	285.8	292.1

英国鞋楦中的女鞋部分比较复杂，为了使楦看起来比较美观，在同一号长下，随着肥瘦型的变化，楦底样长要有适当的变化，使鞋看起来不会太细长或太短粗，举例说明如表 6 - 11 所示。

表 6 - 11　不同型号下英码女鞋 5.5 号的楦长度及围度变化　　　　单位：mm

型号	鞋楦围度尺寸	楦底样长变化等差	楦围度变化等差
AAAA	184.2	- 1.06	4.76
AAA	189.0	- 1.06	4.76
AA	193.7	- 1.06	4.76
A	198.5	0	6.35
B	204.8	0	6.35
C	211.1	0	6.35
D	215.9	+ 1.06	4.76
E	220.7	+ 1.06	4.76
EE	225.5	+ 1.06	4.76
EEE	230.2	+ 1.06	4.76
EEEE	235.0	+ 1.06	4.76

在了解了楦跖围的尺寸变化之后，楦腰围、楦背围尺寸的变化就比较容易计算了，因为跖围、腰围和背围之间的尺寸是按比例关系计算的。

跖围比腰围大 1/8 英寸，即 3.2mm；背围比跖围大 3/8 英寸（或 1/3 英寸），即 9.5mm；背围比腰围大 4/8 英寸（或 5/8 英寸），即 12.7mm。

（2）鞋楦宽度：楦底样宽度的号差确定有多种方法，但比较常用的有两种，一种是根据翻译过来的外国资料介绍，楦底样宽度（前掌宽度）是以楦跗围的1/3来计算的，如图6-3所示。

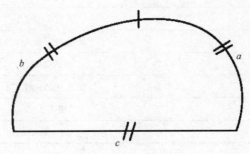

图6-3 楦跗围剖面图

a—楦内踝尺寸 b—楦外踝尺寸 c—楦底样宽

其中 a—楦内踝尺寸、b—楦外踝尺寸、c—楦底样宽各占1/3 跗围，即楦底样宽度为跗围的33.3%。楦底样宽度的号差应该是跗围的1/3，计算得：

楦底样宽度号差 = 跗围号差/3 = 6.35 ÷ 3 = 2.1mm

后跟宽度的号差为：1.5mm。

由于成人与儿童脚型有所不同，因此在楦底宽度的变化也有所不同。儿童鞋楦围度每增减4.76mm（3/16英寸），脚掌宽度相应增减1.5mm，后跟相应增减0.8mm。

另一种比较常用的方法是我国台湾省的高坤福先生介绍的，高坤福先生经反复实测鞋楦的剖面后，总结出楦内踝、楦外踝、楦底样宽的分配比例分别为：36%、27%、37%。据此推算，楦底样宽度级差为：跗围号差 ×37% = 2.4mm。

而近年来，我们对外销鞋楦的分析结果认为，英（美）国的楦底宽度根据鞋的不同品种而定，儿童鞋和凉鞋一般占楦跗围的35% ~37%，成人满帮鞋一般占楦跗围的33% ~34%。

三、美国鞋号及鞋楦尺寸系列（美码）

美国鞋号及鞋楦尺度是从英码演变而来，也是以英寸为基制的。其楦体特征部位值的选取及标示都与英码基本相同。美码又可分三种，标准尺度、惯用尺度和波士顿尺度。

波士顿尺度与英国尺度基本相同，不同点是在0号楦底样长度的安排中，英国鞋号以101.6mm（4英寸）为起始长度，波士顿鞋号则是以94mm为起始长度的。

标准尺度用于女鞋楦时，长度号是：英码加1.5号，围度是：英国型减2个型，如英码的4D相当于美码的5.5B。标准尺度用于男鞋楦时，长度号是：英码加1号，围度是：英国型减1个型，如英码的7E相当于美码的8D。

惯用尺度比标准尺度大1号，如惯用尺度8号等于标准尺度7号。

1. 美码分类及分档

美码的分类及分档，如表6-12所示。

表6－12　美码鞋号分类及分档

类别	分　档
婴儿	儿童 0～6.5
中童	儿童 7～10.5
大童	儿童 11～成人 1.5
少年	成人 2～5.5
少女	儿童 10.5～成人 3
成年女性	成人 3～9
成年男性	成人 6～12

2. 鞋楦底样长度规格

美码鞋号分档及楦底样长度，如表6－13所示。

表6－13　美码鞋号分档及楦底样长度表　　　　　　　　　单位：mm

类别	鞋号	类别	鞋号	凉鞋楦底样长	满帮鞋楦底样长	运动鞋楦底样长
成年男性	12	—	—	302	307	312
成年男性	11.5	—	—	298	303	308
成年男性	11	—	—	293	298	303
成年男性	10.5	—	—	289	294	299
成年男性	10	—	—	285	290	295
成年男性	9.5	成年女性	11	281	286	291
成年男性	9	成年女性	10.5	277	282	287
成年男性	8.5	成年女性	10	272	277	282
成年男性	8	成年女性	9.5	268	273	278
成年男性	7.5	成年女性	9	264	269	274
成年男性	7	成年女性	8.5	260	265	270
成年男性	6.5	成年女性	8	255	260	265
成年男性	6	成年女性	7.5	251	256	261
青少年	5.5	成年女性	7	247	252	257
青少年	5	成年女性	6.5	243	248	253
青少年	4.5	成年女性	6	239	244	249
青少年	4	成年女性	5.5	234	239	244
青少年	3.5	成年女性	5	230	235	240
青少年	3	成年女性	4.5	226	231	236
青少年	2.5	成年女性	4	222	227	232
青少年	2	少女	3.5	217	222	227

续表

类别	鞋号	类别	鞋号	凉鞋楦底样长	满帮鞋楦底样长	运动鞋楦底样长
大童	1.5	少女	3	213	218	223
大童	1	少女	2.5	209	214	219
大童	13.5	少女	2	205	210	215
大童	13	少女	1.5	201	206	211
大童	12.5	少女	1	196	201	206
大童	12	少女	13.5	192	197	202
大童	11.5	少女	13	188	193	198
大童	11	少女	12.5	184	189	194
中童	10.5	少女	12	179	184	189
中童	10	少女	11.5	175	180	185
中童	9.5	少女	11	171	176	181
中童	9	少女	10.5	167	172	177
中童	8.5	—	—	162	167	172
中童	8	—	—	158	163	168
中童	7.5	—	—	154	159	164
中童	7	—	—	150	155	160
婴儿	6.5	—	—	146	151	156
婴儿	6	—	—	141	146	151
婴儿	5.5	—	—	137	142	147
婴儿	5	—	—	133	138	143
婴儿	4.5	—	—	129	134	139
婴儿	4	—	—	124	129	134

3. 鞋楦围度和宽度规格

（1）鞋楦围度：美码的型是以英文大写字母来表示的，如 AA、A、B、C、D、E、EE……。从 A 到 AA、AAA 越来越瘦，型差为 4.76mm；从 E 到 EE 越来越肥，型差也是 4.76mm；常用型为 A、B、C，型差为 6.35mm。美码女楦除 B 型外，每增或减一个型，楦底样长度都要相应地修正 1/24 英寸，约为 1.06mm。表 6 – 14 是美码在同一号长下，随着肥瘦型的变化，楦底样长及围度的变化情况，表 6 – 15 为 B 型美码女鞋号长度及跖围尺寸。表 6 – 16、表 6 – 17 为美码楦围度尺寸。

表 6 – 14　不同型号下美码 6.5 号的楦长度及围度变化情况　　　单位：mm

型　号	楦底样长	楦底样长等差	鞋楦围度	楦围度等差
AAAA	250.8	– 1.06	185.7	4.76
AAA	251.9	– 1.06	190.5	4.76
AA	251.9	– 1.06	195.3	4.76

型号	楦底样长	楦底样长等差	鞋楦围度	楦围度等差
A	252.9	−1.06	200.1	6.35
B	254	−1.06	206.4	6.35
C	255.1	0	212.7	6.35
D	256.1	+1.06	217.5	4.76
E	257.2	+1.06	222.3	4.76
EE	257.2	+1.06	227.0	4.76

表6-15　B型美码女鞋号长度及跖围尺寸　　　　　　　　　单位：mm

号 B型	4	4.5	5	5.5	6	6.5	7
楦底样长	232.8	237.1	241.3	245.5	249.8	254	258.2
鞋楦跖围	200	203.2	206.4	209.6	212.7	215.9	219.1

（2）鞋楦宽度：美码的楦底宽度号差参照英码规格。

表6-16　美国男鞋楦围度尺寸　　　　　　　　　　　单位：mm

鞋号	A型			B型			C型			D型		
	跖围	腰围	背围	跖围	腰围	背围	跖围	腰围	背围	跖围	腰围	背围
2	171.5	168.3	181.0	177.8	174.6	187.3	184.2	181.0	193.7	190.5	187.3	200.0
2.5	174.6	171.5	184.2	181.1	177.8	190.5	187.3	184.2	196.9	193.7	190.5	203.2
3	177.8	174.6	187.3	184.2	181.0	193.7	190.5	187.3	200.0	196.9	193.7	206.4
3.5	181.0	177.8	190.5	187.3	184.2	196.9	193.7	190.5	203.2	200.0	196.9	209.6
4	184.2	181.0	193.7	190.5	187.3	200.0	196.9	193.7	206.4	203.2	200.0	212.7
4.5	187.3	184.2	196.9	193.7	190.5	203.2	200.0	196.9	209.6	206.4	203.2	215.9
5	190.5	187.3	200.0	196.9	193.7	206.4	203.2	200.0	212.7	209.6	206.4	219.1
5.5	193.7	190.5	203.2	200.0	212.7	209.6	206.4	203.2	215.9	212.7	209.6	222.3
6	196.9	193.7	206.4	203.2	200.0	212.7	209.6	206.4	219.1	215.9	212.7	225.4
6.5	200.0	212.7	209.6	206.4	203.2	215.9	212.7	209.6	222.3	219.1	215.9	228.6
7	203.2	200.0	212.7	209.6	206.4	219.1	215.9	212.7	225.4	222.3	219.1	231.8
7.5	206.4	203.2	215.9	212.7	209.6	222.3	219.1	215.9	228.6	225.4	222.3	235.0
8	209.6	206.4	219.1	215.9	212.7	225.4	222.3	219.1	231.8	228.6	225.4	238.1
8.5	212.7	209.6	222.3	219.1	215.9	228.6	225.4	222.3	235.0	231.8	228.6	241.3
9	215.9	212.7	225.4	222.3	219.1	231.8	228.6	225.4	238.1	235.0	231.8	244.1
9.5	219.1	215.9	228.6	225.4	222.3	235.0	231.8	228.6	241.3	238.1	235.0	247.7

续表

鞋号	A 型			B 型			C 型			D 型		
	跖围	腰围	背围	跖围	腰围	背围	跖围	腰围	背围	跖围	腰围	背围
10	222.3	219.1	231.8	228.6	225.4	238.1	235.0	231.8	244.1	241.3	238.1	250.8
10.5	225.4	222.3	235.0	231.8	228.6	241.3	238.1	235.0	247.7	244.1	241.3	254.0
11	228.6	225.4	238.1	235.0	231.8	244.1	241.3	238.1	250.8	247.7	244.1	257.2
11.5	231.8	228.6	241.3	238.1	235.0	247.7	244.1	241.3	254.0	250.8	247.7	260.4
12	235.0	231.8	244.1	241.3	238.1	250.8	247.7	244.1	257.2	254.0	250.8	263.5

表 6-17 美码女鞋楦围度尺寸 单位：mm

鞋号	A 型	B 型	C 型	D 型
	跖围/腰围/背围	跖围/腰围/背围	跖围/腰围/背围	跖围/腰围/背围
2.5	174.6/171.5/184.2	181.0/177.8/190.5	187.3/184.2/196.9	193.7/190.5/203.2
3	177.8/174.6/187.3	184.2/181.0/193.7	190.5/187.3/200.0	196.9/193.7/206.4
3.5	181.0/177.8/190.5	187.3/184.2/196.9	193.7/190.5/203.2	200.0/196.9/209.6
4	184.2/181.0/193.7	190.5/187.3/200.0	196.9/193.7/206.4	203.2/200.0/212.7
4.5	187.3/184.2/196.9	193.7/190.5/203.2	200.0/196.9/209.6	206.4/203.2/215.9
5	190.5/181.3/200.0	196.9/193.7/206.4	203.2/200.0/212.7	209.6/206.4/19.1
5.5	193.7/190.5/203.2	200.0/196.9/209.6	206.4/203.2/215.9	212.7/209.6/222.3
6	196.9/193.7/206.4	203.2/200.0/212.7	209.6/206.4/219.1	215.9/212.7/225.4
6.5	200.0/196.9/209.6	206.4/203.2/215.9	212.7/209.6/222.3	219.1/215.9/228.6
7	203.2/200.0/212.7	209.6/206.4/219.1	215.9/212.7/225.4	222.3/219.1/231.8
7.5	206.4/203.2/215.9	212.7/209.6/222.3	219.1/215.9/228.6	225.4/222.3/235.0
8	209.6/206.4/219.1	215.9/212.7/225.4	222.3/219.1/231.8	228.6/225.4/238.1
8.5	212.7/209.6/222.3	219.1/215.9/228.6	225.4/222.3/235.0	238.1/228.6/241.3
9	215.9/212.7/225.4	222.3/219.1/231.8	228.6/225.4/238.1	235.0/231.8/244.5

四、法国鞋号及鞋楦尺寸系列（法码）

法国鞋号及鞋楦尺寸系列被广泛应用于欧洲大陆（包括意大利、德国）。法码与英码、美码是完全不同的系统，它的尺寸建立在公制基础上。

1. 法码鞋号分档及中间号

法码又称"巴黎针"系列。据记载，它的长度号制定是由缝纫的针脚数来计算的，最小号由 15 针（100mm）开始，至最大号 50 针（333mm），长度号差设定为 1 针距离，为 6.7mm，半号差 3.3mm。

法码鞋号的分类、分档、中间号及楦底样长度如表 6-18 所示。

表6-18 法国鞋号分类、分档、中间号及楦底样长度

类别	鞋号分档	中间号	楦底样长（mm）
婴儿（2~8个月）	16~22	19	126.7
幼儿（2~4.5岁）	23~26	24	160.0
小童（5~7.5岁）	27~29	28	186.7
中童（8~10岁）	30~33	31	206.7
大童（10.5~14岁）	34~39	36	240.0
成年女性	34~42	36	240.0
成年男性	38~48	41	273.3

2. 楦底样长度规格

法码在凉鞋、满帮鞋、运动鞋楦底样长度的设定上，儿童鞋是以3mm之差来区分的，成人鞋仍是以5mm之差来区分。

法码鞋楦底样长度计算公式：

$$楦底样长度 = 鞋号 \times (20/3)$$

例：法码40号，求楦底样长度。

$$楦底样长度 = 40 \times (20/3) = 267（mm）$$

法码不同种类不同鞋号的楦底样长底如表6-19所示。

表6-19 法码不同种类不同鞋号楦底样长度　　　　　　　　单位：mm

类别	鞋号	类别	鞋号	凉鞋楦底样长	满帮鞋楦底样长	运动鞋楦底样长
成年男性	46	—	—	297	302	307
成年男性	45.5	—	—	293	298	303
成年男性	45	—	—	290	295	300
成年男性	44.5	—	—	287	292	297
成年男性	44	—	—	283	288	293
成年男性	43.5	—	—	280	285	290
成年男性	43	成年女性	43	277	282	287
成年男性	42.5	成年女性	42.5	273	278	283
成年男性	42	成年女性	42	270	276	280
成年男性	41.5	成年女性	41.5	266	271	276
成年男性	41	成年女性	41	263	268	273
成年男性	40.5	成年女性	40.5	260	265	270
成年男性	40	成年女性	40	257	262	267
成年男性	39.5	成年女性	39.5	253	258	263
成年男性	39	成年女性	39	250	255	260

续表

类别	鞋号	类别	鞋号	凉鞋楦底样长	满帮鞋楦底样长	运动鞋楦底样长
成年男性	38.5	成年女性	38.5	247	252	257
青少年	38	成年女性	38	243	248	253
青少年	37.5	成年女性	37.5	240	245	250
青少年	37	成年女性	37	237	242	247
青少年	36.5	成年女性	36.5	233	238	243
青少年	36	成年女性	36	230	235	240
青少年	35.5	成年女性	35.5	227	232	237
青少年	35	成年女性	35	223	228	233
青少年	34	少女	34	217	222	227
大童	33	少女	33	210	215	220
大童	32	少女	32	203	208	213
大童	31	少女	31	197	202	207
大童	30	少女	30	190	195	200
大童	29	少女	29	183	188	193
中童	28	少女	28	178	183	187
中童	27	少女	27	171	176	180
中童	26	—	—	164	169	173
中童	25	—	—	159	163	167
中童	24	—	—	152	156	160
婴儿	23	—	—	146	150	153
婴儿	22	—	—	140	144	147
婴儿	21	—	—	134	137	140
婴儿	20	—	—	127	130	133
婴儿	19 *	—	—	122	124	127
婴儿	18	—	—	114	117	120
婴儿	17	—	—	108	111	114
婴儿	16	—	—	101	104	107
婴儿	15	—	—	95	98	101

3. 鞋楦围度及宽度规格

（1）鞋楦围度（表6-20）：法码的型号标示为1、2、3、4、5、6、7……，中间型为6型，4~5型为瘦型，7~8型为肥型。

跖围差为4mm或5mm，一般遇尾数1、6时，如16、26、36、46号和21、31、41号时，跖围差为5mm，其余跖围差是4mm。型差是5mm。

表6-20　法码鞋楦围度尺寸表　　　　　　　　　　　　单位：mm

鞋号	1（A）型	2（B）型	3（C）型	4（D）型	5（E）型	6（F）型	7（G）型
16	105	110	115	120	125	130	135
17	110	115	120	125	130	135	140
18	114	119	124	129	134	139	144
19	118	123	128	133	138	143	148
20	122	127	132	137	142	147	152
21	126	131	136	141	146	151	156
22	131	136	141	146	151	156	161
23	135	140	145	150	155	160	165
24	139	144	149	154	159	164	169
25	143	148	153	158	163	168	173
26	147	152	157	162	167	172	177
27	152	157	162	167	172	177	182
28	156	161	166	171	176	181	186
29	160	165	170	175	180	185	190
30	164	169	174	179	184	189	194
31	168	173	178	183	188	193	198
32	173	178	183	188	193	198	203
33	177	182	187	192	197	202	207
34	181	186	191	196	201	206	211
35	185	190	195	200	205	210	215
36	189	194	198	204	209	214	219
37	194	199	203	209	214	219	224
38	198	203	207	213	218	223	228
39	202	207	211	217	222	227	232
40	206	211	215	221	226	231	236
41	210	215	219	225	230	235	240
42	215	220	224	230	235	240	245

（2）鞋楦宽度：

法码的鞋楦宽度等差为1~1.5mm，其中儿童鞋从15~18号，每增加1号，鞋楦宽度增加1mm，如16号鞋楦宽度为58mm；17号为59mm；18号为60mm。鞋号从29~46号，每增加1号，鞋楦宽度增加1.5mm，如40号鞋楦宽度为88mm，41号为89.5mm，42号为91mm。

五、日本鞋号及鞋楦尺寸系列

日本鞋号及鞋楦尺度适用于日本地区，以脚的实际长度为号长，与我国鞋号类似，也采用毫米制，如脚长230mm，即穿23号鞋，但实际楦长并不等于230mm，而需加上20～25mm的放余量，以留给脚趾足够的活动空间。

1. 日本鞋号分档及中间号

日本鞋号分档及中间号如表6-21所示。

表6-21 日本鞋号分档及中间号

分　类	分　档	中间号
幼　儿	12～16	14
儿　童	17～21	19
成　女	21～24.5	23
成　男	24～27	25

2. 鞋楦底样长度规格

日本鞋号的长度差是6mm或7mm，半号差3mm或4mm。在制作外销日本凉鞋时，大多只采用L、M、S号表示，其中L指23.5号、M指22.5号、S指21.5号。

日本不同品种鞋类的鞋楦底样长度也是不同的，一般凉鞋、运动鞋的放余量为8～10mm，满帮鞋的放余量为20～25mm。表6-22～表6-25为日本满帮皮鞋及运动鞋鞋楦数据表。

表6-22 日本女满帮皮鞋鞋楦数据表　　　　单位：mm

鞋号	楦长度 基本量—常用量—加常量	C型 脚围/楦围	D型 脚围/楦围	E型 脚围/楦围	EE型 脚围/楦围
21	220－222－225	203/194	210/200	216/206	221/212
21.5	225－227－230	206/197	213/203	220/209	226/215
22	228－230－235	209/200	217/206	223/212	230/218
22.5	233－235－240	213/203	220/209	226/215	233/221
23	238－240－245	217/206	223/212	230/218	236/224
23.5	245－247－250	220/209	227/215	233/221	239/227
24	248－250－255	223/212	230/218	236/224	242/230
24.5	253－255－260	226/215	233/221	239/227	245/233
25	260－262－265	230/218	236/224	242/230	248/236
25.5	265－267－270	233/221	239/227	245/233	251/239
26	270－272－275	236/224	242/230	248/236	254/242
26.5	270－272－275	236/224	242/230	248/236	254/242
27	280－282－285	242/230	248/236	254/242	260/248

表6-23 日本男满帮皮鞋鞋楦数据表 单位：mm

鞋号	楦长度 基本量—常用量—加常量	D型 脚围/楦围	E型 脚围/楦围	EE型 脚围/楦围	EEE型 脚围/楦围	EEEE 脚围/楦围
23	240 - 245 - 250	223/215	230/221	236/227	242/233	249/239
23.5	245 - 250 - 255	227/218	233/224	239/230	246/236	253/242
24	250 - 255 - 260	230/221	236/227	242/233	249/239	256/245
24.5	255 - 260 - 265	233/224	239/230	246/236	253/242	259/248
25	260 - 265 - 270	236/227	242/233	249/239	256/245	262/251
25.5	265 - 270 - 275	240/230	246/236	253/242	259/248	265/254
26	270 - 275 - 280	243/233	249/239	256/245	262/251	268/257
26.5	275 - 280 - 285	246/236	253/242	259/248	265/254	271/260
27	280 - 285 - 290	250/239	256/245	262/251	268/257	274/263
27.5	285 - 290 - 295	253/242	259/248	265/254	271/260	277/266
28	290 - 295 - 300	256/245	262/251	268/257	274/263	280/269
28.5	295 - 300 - 305	259/248	265/254	271/260	277/266	283/272
29	300 - 305 - 310	262/251	268/257	274/263	280/269	286/275

表6-24 日本女运动鞋鞋楦数据表 单位：mm

鞋号	楦长度 基本量—常用量—加常量	C型 脚围/楦围	D型 脚围/楦围	E型 脚围/楦围	EE型 脚围/楦围
21	218 - 220 - 225	203/194	210/200	216/206	221/212
21.5	223 - 225 - 230	206/197	213/203	220/209	226/215
22	238 - 240 - 245	217/206	223/212	230/218	236/224
22.5	233 - 235 - 240	213/203	220/209	226/215	233/221
23	238 - 240 - 245	217/206	223/212	230/218	236/224
23.5	243 - 245 - 250	220/209	227/215	233/221	239/227
24	248 - 250 - 255	223/212	230/218	236/224	242/230
24.5	253 - 255 - 260	226/215	233/221	239/227	245/233
25	258 - 260 - 265	230/218	236/224	242/230	248/236
25.5	263 - 265 - 270	233/221	239/227	245/233	251/239
26	268 - 270 - 275	236/224	242/230	248/236	254/242
26.5	273 - 275 - 280	239/227	245/233	251/239	257/245
27	278 - 280 - 285	242/230	248/236	254/242	260/248

表6-25　日本男运动鞋鞋楦数据表　　　　　　单位：mm

鞋号	楦长度 基本量—常用量—加常量	D 型 脚围/楦围	E 型 脚围/楦围	EE 型 脚围/楦围	EEE 型 脚围/楦围	EEEE 脚围/楦围
23	238 - 240 - 245	223/215	230/221	236/227	242/233	249/239
23.5	243 - 245 - 250	227/218	233/224	239/230	246/236	253/242
24	248 - 250 - 255	230/221	236/227	242/233	249/239	256/245
24.5	253 - 255 - 260	233/224	239/230	246/236	253/242	259/248
25	258 - 260 - 265	236/227	242/233	249/239	256/245	262/251
25.5	263 - 265 - 270	240/230	246/236	253/242	259/248	265/254
26	268 - 270 - 275	243/233	249/239	256/245	262/251	268/257
26.5	273 - 275 - 280	246/236	253/242	259/248	265/254	271/260
27	278 - 280 - 285	250/239	256/245	262/251	268/257	274/263
27.5	283 - 285 - 290	253/242	259/248	265/254	271/260	277/266
28	288 - 290 - 295	256/245	262/251	268/257	274/263	280/269
28.5	293 - 295 - 300	259/248	265/254	271/260	277/266	283/272
29	298 - 300 - 305	262/251	268/257	274/263	280/269	286/275

3. 鞋楦围度和宽度规格

（1）鞋楦围度：日本鞋楦的型号由瘦至肥采用 C、D、E、EE、EEE……来标示，男鞋中间型是 EE，女鞋中间型是 D。

长度号围差在儿童鞋楦的 12～21 号是 5mm；22 号以后为 6～7mm。型差为 6～7mm。

日本女鞋楦围度尺寸如表 6-26 所示。

表6-26　日本女鞋楦围度尺寸系列　　　　　　单位：mm

鞋号	C 型跗围	D 型跗围	E 型跗围	EE 型跗围
22	209	216	223	230
22.5	213	220	226	233
23	216	223	230	236
23.5	220	226	233	239
24	223	230	236	242
24.5	226	233	239	246

（2）鞋楦宽度：日本鞋楦的楦底宽度等差为 2mm。

六、国际标准鞋号及尺寸系列

从 1965 年开始，由 21 个国家组成的经济协助开发机构（DECD）为解决多国鞋号尺寸给世界鞋业带来的诸多不便，制定了蒙多点鞋号（Mondopoing），1971 年 11 月，国际标准化组织第 137 技术委员会（ISO/TC.137），将其定为国际标准鞋号。此鞋号系列尽管受到世界组织的大力推荐，但始终没有被欧洲市场所接受。

1. 国际标准鞋号的分档及中间号

国际标准鞋号以脚长（毫米制）为长度标示，以脚的跖趾斜宽为型号标示（图 6 - 4）。鞋号的标示方法为脚长/脚宽，例如，260/94，即脚长 260mm，脚宽 94mm。

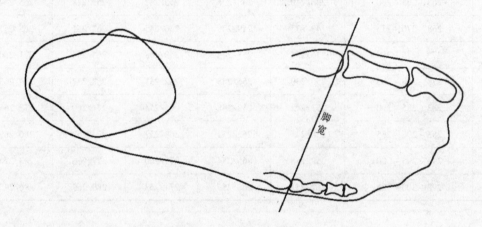

脚宽

图 6 - 4　脚的跖趾斜宽标示

儿童鞋、女鞋和高档男鞋的长度号差是 5mm，便鞋、休闲鞋的长度号差是 7mm。

肥瘦型以脚宽分档，脚宽等于 40% 脚跖围。

长度号差是 5mm 时，脚宽号差为 2mm，脚宽型差为 4mm。长度号差是 7mm 时，脚宽号差为 2.8mm，脚宽型差为 4mm。

2. 国际标准鞋号标注举例

表 6 - 28 为国际标准鞋号女鞋长度等差 7mm 尺寸举例，表 6 - 29 为国际标准鞋号女鞋楦长度等差 5mm 长宽尺寸表，表 6 - 30 为国际标准鞋号男鞋楦长度等差 5mm 长宽尺寸表，表 6 - 31 为国际标准鞋号儿童鞋楦长度等差 5mm 长宽尺寸表。

表 6 - 27　国际标准鞋号女鞋长度等差 7mm 长宽尺寸举例　　　　　单位：mm

长度/宽度	长度/宽度	长度/宽度
231/88	231/86	231/90
238/91	238/89	238/93
245/94	245/92	245/96
252/97	252/95	252/99

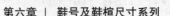

表 6 –28　国际标准鞋号女鞋楦长度等差 5mm 长宽尺寸表　　　　单位：mm

长度/宽度	长度/宽度	长度/宽度
225/82	225/86	225/90
230/84	230/88	230/92
235/86	235/90	235/94
240/88	240/92	240/96
245/90	245/94	245/98
250/92	250/96	250/100
255/94	255/98	255/102
260/96	260/100	260/104

表 6 –29　国际标准鞋号男鞋楦长度等差 5mm 长宽尺寸表　　　　单位：mm

长度/宽度	长度/宽度	长度/宽度
—	240/90	240/94
245/88	245/92	245/96
250/90	250/94	250/98
255/92	255/96	255/100
260/94	260/98	260/102
265/96	265/100	265/104
270/98	270/102	270/106
275/100	275/104	275/108
280/102	280/106	280/110
285/104	285/108	—
290/106	290/110	—

表 6 –30　国际标准鞋号儿童鞋楦长度等差 5mm 长宽尺寸表　　　　单位：mm

长度/宽度	长度/宽度
110/49	115/51
120/52	125/54
130/55	135/57
140/58	145/59
150/61	155/62
160/64	165/65
170/67	175/68
180/69	185/71
190/72	195/74

长度/宽度	长度/宽度
200/75	205/77
210/78	215/79
220/81	225/82
230/84	235/85

七、不同国家鞋号换算

市场上销售的外贸鞋和一些品牌运动鞋上常常印有几个国家鞋号的对比。在做外销鞋楦设计时，也有许多人试图将各国鞋楦按号互换使用，表6-32是常见的几个国家鞋号的对比表。

表6-31　各国男鞋号对比表

英国	美国	法国	日本	中国
5.5	6	39	23.5	245
6	6.5	39.5	24	250
6.5	7	40.5	24.5	—
7	7.5	41	25	255
7.5	8	41.5	—	—
8	8.5	42	25.5	260
8.5	9	43	26	265

从表6-31可以看出，它们的对比是很牵强的，因为各国鞋号所采用的基制、长度号差、跗围型差不同，如中国号的长度号差是10mm，英美码的长度号差是8.4mm，法码的长度号差是6.7mm，它们之间很难有一一对应的关系。那么在鞋楦设计中是如何对不同国家鞋号进行换算的呢？鞋码换算的基本原则是楦底样长度的比较。

首先将楦底样长度尺寸计算出来，再比较楦底样长度尺寸是否相似，即真正的比较是楦底样长度尺寸，而结果也只是近似于某个号。

1. 将鞋号换算成楦底样长度

（1）中国鞋号换算成楦底样长度：中国鞋号的楦底样长度尺寸可直接查阅 GB/T3293—2007《中国鞋楦系列》标准，如男鞋250号的楦底样长度是265mm，女鞋230号的楦底样长度是242mm。

（2）法码换算成楦底样长度：法码的楦底样长度求法有固定的公式：

$$楦底样长度 = 法国鞋号 \times 20/3 （mm）$$

例如，法国男鞋40号则楦底样长度 $= 40 \times 20/3 = 266.7$（mm），接近中国男鞋250号。

（3）英码换算成楦底样长度：英码的楦底样长度求法也有固定的公式：

楦底样长度 = ［4 + （13 + 鞋号） ×1/3］ ×25.4 （mm）

例如，英国男鞋 6.5 号，楦底样长度 = ［4 + （13 + 6.5） ×1/3］ ×24.5 = 266.7 （mm），接近中国男鞋 250 号。

（4）美码换算成楦底样长度：美码的楦底样长度可根据英、美号之间的关系求得，如美国男鞋的 7 号，楦底样长度为 266.7mm，也接近中国男鞋 250 号。

2. 不同国家鞋号换算例表

表 6 - 32 为各国男皮鞋楦底样长尺寸比较的举例。

表 6 - 32　各国男皮鞋楦底样长尺寸比较举例　　　　　单位：mm

英国鞋号 （楦底样长）	美国鞋号 （楦底样长）	法国鞋号 （楦底样长）	日本鞋号 （楦底样长）	中国鞋号 （楦底样长）
5.5 （256）	6 （256）	39 （255）	23.5 （255）	240 （255）
6 （260）	6.5 （260）	39.5 （258）	24 （260）	250 （262）
6.5 （266）	7 （266）	40 （266）	24.5 （265）	250 （265）
7 （269）	7.5 （269）	41 （268）	25 （270）	255 （270）
7.5 （273）	8 （273）	41.5 （271）	—	—
8 （277）	8.5 （277）	42 （278）	25.5 （275）	260 （275）
8.5 （282）	9 （282）	43 （282）	26 （280）	265 （280）

复习题

1. 中国鞋号的特性，及其与脚长的关系？

2. 什么叫长度号差、跖围号差和型差？

3. 简述英码、美码鞋号的长度号差、型差。

4. 简述法码鞋号的长度号差、型差。

5. 简述日本鞋号的长度号差、型差。

6. 简述国际标准鞋号的特点。

7. 鞋码换算的基本原则是什么？

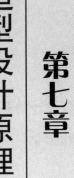

第七章 鞋楦造型设计原理与基础

第七章　鞋楦造型设计原理与基础

鞋楦设计原理是根据脚型规律及足部造型结构，经过适当的造型变化与设计，使不规则的足部立体造型变成有规则的立体楦型。鞋楦设计是脚型规律、生物力学、艺术造型以及功能等多方面因素的完美组合过程。

第一节　楦型设计的条件和原则

一、楦型设计的条件

楦型设计的条件分为主观条件和客观条件两个部分，如图 7 - 1 所示。

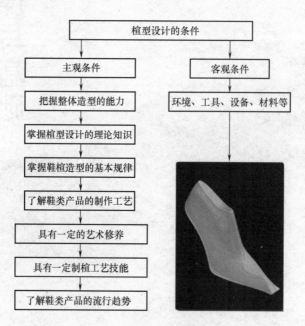

图 7 - 1　楦型设计的条件

所谓主观条件，指的是楦型设计人员自身所应有的条件。

所谓客观条件，指的是设计人员在楦型设计时所应具有的环境、工具以及其他设备和材料等。

在整个设计条件中，主观条件比客观条件更为重要。楦型设计人员所应具备的主观条件是指一定的悟性、知识和修养等，具体来说，它包括以下几个方面的内容。

1. 把握整体造型的能力

这里所说的把握楦体整体造型的能力，是指设计人员必须能够较好地运用形象和抽象思维能动地掌握楦体造型的形象特征，其包括思维和实践两个方面。这种能力属于个人的悟性范畴。

由于楦体是三维空间的立体造型，要想把它完美地设计出来，首要的条件就是必须准确、完整地将楦体造型在头脑中产生出具体的形象，之后抓住这个形象，用图形把它完美地表现出来（图7-2）。

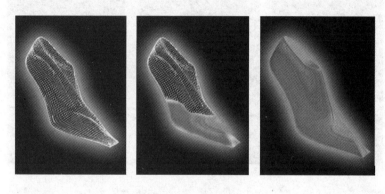

图7-2　三维立体思维过程示意

2. 掌握楦型设计的相关知识

熟悉并掌握楦型设计的理论知识是楦型设计人员必须具备的重要条件。说它是重要条件，是因为理论知识对楦型设计的具体实践活动具有指导意义。楦型设计不是依葫芦画瓢，而是严密、科学性的创造活动。楦型设计工作自始至终遵循着这种科学性，而这种科学性正是来自楦型的设计理论。

楦型设计的理论知识包括：脚的形态及其生理机能，脚型测量及其规律分析，脚型规律及其应用，脚型与楦型的关系，楦体造型设计的规律及其方法，楦体的检验方法等。

在这里，尤其应该指出的是，在设计理论知识中，脚型与楦型的关系是一个重要的环节，掌握好这一部分理论知识对于在楦体造型设计的实践活动中正确认识、处理楦体造型的内容与形式的关系问题具有十分重要的作用。

这里所说的内容是指通过楦体的具体造型反映出来的人脚的结构、形态、科学性及审美性，是客观的人脚形态与设计人员的科学处理及审美理想的统一体。

这里所说的形式是指将人脚的特征与艺术的造型在比例上、整体性和协调性上的巧妙结合。

楦型设计人员之所以要学习理论知识，就是要抓住楦型设计的实质，把握住这个实质，巧妙地利用形式，设计出造型优美的楦体。

3. 掌握楦体造型的基本规律和结构

熟悉并掌握楦体外表造型的基本规律和结构是楦型设计人员的必备条件之一。

楦体的造型和结构都属于形式的范畴。外表造型属于外形式，内在结构属于内形式。

如果把各种不同造型的楦体放在你的面前，可能会使你感到眼花缭乱、目不暇接。但是，只要你细心地观察一下，就会发现它们是有一定规律可循的。

从楦底的头部看，基本上可分为方、尖、圆、偏几种造型。从楦面的前身造型分析，虽然各自不同，但主要是头部的形状、楦棱的高低和线条的表现方式上的区别。方、尖、偏等头式示意图如图7-3所示。

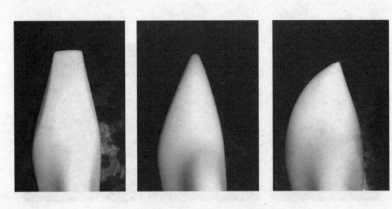

图7-3 方、尖、偏等头形示意图

从楦体的后身看楦体后身的变化，一是按后跷高度分为高、中、低三种，二是按类别分为矮帮鞋楦、棉夹高腰鞋楦和马靴楦。其后身的造型虽有所不同，但就规律而言，后跷高度相同的同种类型的矮帮鞋楦，其后身造型基本上是相同或是相似的，这就是所谓的后身统一。棉夹高腰鞋楦、矮帮鞋楦的后身造型如图7-4所示。

图7-4 棉夹高腰鞋楦和矮帮鞋楦的后身造型

所谓楦体造型的结构是指楦体的内在组织构造的总体安排。

结构的本质是"以一统多"。它要求设计者从科学的角度出发，按照主观的意愿和审美理想，将脚的不同部位的特征及艺术的成分熔铸为一个完美的有机的统一体。这里所说的"一"就是楦体造型设计及手工刻制楦体造型时所使用的"三点一线"，"多"就是脚的各个特征部位的体积、艺术成分的体积和制鞋工艺对楦体造型的具体要求等。没有这个"一"，那些"多"是难以形成统一的。

楦体的结构应该是有机统一的，"有机"是结构中处理各部分关系的一个重要原则。在楦体的结构中，每一部分都有其特定的位置和功能，它们相互联系、相互影响，绝不能随意地移动、替代和增减。

设计人员掌握了楦体的外表造型规律和内在结构，就掌握了楦体造型的形式。只有掌握了楦体造型的形式，才能更好地完成设计工作。

4. 了解鞋类产品的制作工艺

了解鞋类产品的制作工艺也是楦型设计人员必须具备的条件。

因为鞋楦是为鞋类产品的帮、底部件及模具设计服务的，同时，也是为鞋类产品的生产服务的。

鞋类产品的帮、底结合工艺大致可以分为线缝、胶粘、注塑、模压和硫化5种。楦型设计人员如果对帮、底的结合工艺及对楦体造型的要求没有深刻的了解，设计出来的楦型就有可能是不合理的，甚至是不能使用的。由此可见，楦型设计人员只有掌握了鞋制作工艺知识，才能更好地进行设计工作。

5. 具有一定的艺术修养

就楦的整体造型而言，它是科学与审美有机结合的统一体。它的科学性在于用它设计和制作出来的鞋类产品能够保障人脚在鞋腔内的合理容量，即适脚性。这是楦体造型的首要价值。

设计人员进行楦型设计时，要在科学的基础上尽量地追求美的效果。楦体的造型需要具备人脚的形象特征，但不必追求与脚型的酷似，有时不妨做一下变形。设计者可以从自身的艺术个性和对其他造型艺术的独特感受出发，使用夸张、象征等手法，设计出不同凡响的楦体造型。

楦型设计是一项具有高度审美性的工作。无论是审美理想的实现，还是楦体造型审美价值的实现，都要求设计人员具有一定程度的艺术修养。如果一个设计人员没有任何的艺术修养。那么他将是难当此项重任的。

6. 掌握一定的制楦工艺技能和材料知识

掌握一定的手工刻楦技能和较广泛的制楦材料知识，是楦型设计人员应该具备的条件。

对于一般的楦型设计来说，只要设计人员精心地将楦底样板和能够显示楦体各部位造型特征的图纸设计出来，再辅以一些必需的造型尺寸，把这一切交给熟练地掌握了手工刻楦技能的工作人员让他加工完成，一般来说是能够达到设计人员的预期效果的。但对于造型比较有创意的创新性的楦型设计来说，这样做就有可能会出现问题。因为楦体的造型比较特殊，一个楦底样板和几张楦体造型图纸有时是不能将设计者的构思淋漓尽致地表达出来，如果把图纸交由别人去完成，就有可能达不到设计者预期的效果。所以，为了保障特殊造型的楦型设计的完成，设计者必须亲手刻制楦体。这样不仅能很好地完成自己的设计构思，而且还可以修改最初设计中存在的不足之处，最终使预期的目标变为现实。

由此可见，手工制楦技能是楦型设计人员必须具备的重要条件。可以这样说，不具备这一技能的人，尽管其他条件都很好，也不能算是一个真正的楦型设计人员。

此外，制楦材料的知识对于一个楦型设计人员来说也是应该掌握的。楦型设计人员尤其有必要对制作标样楦的木材知识进行全面的了解。如果一个楦型设计人员对此一无所知，那就很可能会因为木材含水率和材质的问题等而降低设计的成功率，甚至会使鞋的生产毁于一旦。

7. 了解鞋类产品的流行趋势

设计者的创意和创新设计还要结合鞋类产品的流行趋势，这样设计出来的鞋楦才能符合市场的需求，才更具有价值。作为一名优秀的设计者，还应深入研究鞋类以及其相关产品（如服装、服饰等）的流行趋势，因为鞋作为服装服饰的重要部分，必须与整体的服装服饰相搭配才能表现出女性的穿着效果，如图7-5所示。

图7-5　鞋类创新设计与服装服饰产品的流行趋势的关系

流行意味着人们的审美心理和审美标准的变化，反映了不同时代和环境下人们的个性表现与社会规范之间的平衡与协调。它与社会变革、经济兴衰、文化水准、消费心理、自然环境及气候等是紧密相连的。

不同的时尚具有不同的流行演变规律，一般比较经典的正装鞋和便鞋能流行相当长时期，像传统的男三节头式皮鞋、"莫卡辛"式皮鞋等。而一些流行特征明显的造型，如超长翘尖头式、斜方头式等，往往流行快过时也快，大起大落。设计者应具备对流行趋势的敏锐观察、分析能力，才能创造出受市场欢迎的新的流行款式。

二、楦型设计的原则

楦型设计人员除需要具备上述主观条件之外，在进行楦型设计时还应遵循以下原则。

原则一：必须以正常人的脚型规律为依据，从而确定楦体的跷度、长度、宽度、高度、厚度以及各部位围度的尺寸。

原则二：楦体造型必须符合制鞋工艺的要求和需要，根据鞋的品种、式样确定并设计楦体的造型。

原则三：必须将科学性和审美性结合成有机的统一体，在科学的基础上展开想象，并利用各种手法和技能，完善楦体的造型。

原则四：楦体造型必须符合流行趋势。

第二节　楦型设计的三个阶段

初学楦型设计的人应该为自己制定一个学习计划，然后按不同目标分期完成。学习者可以将这个学习计划分为三个阶段。

一、掌握基础知识阶段

在第一阶段，学习者首先要注意培养自己对各种楦体造型的感性认识，熟悉楦体造型的各部位特征，了解和掌握楦体各部位的名称，从总体上去把握楦体造型形象的规律。

其次，在获得对楦体造型的感性认识的同时进行楦型设计理论的学习，把握楦型设计的实质。

再次，学习楦体造型的手工制作工艺。采用临摹较为标准的楦体的方式，边学习手工刻制工艺，边在实践中进一步理解和掌握楦体造型的基本规律。

最后，有意识地培养自己对楦体美感的认识。有意识地深入生活，观察楦体造型与皮鞋整体造型的关系，楦体造型与人体造型的关系，其中也包括用楦体设计制作出来的鞋类产品与各种服装的式样、色彩的搭配关系。

二、能力提高阶段

学习者经过一段时间的学习和实践之后具备了一定的知识和能力。在这个基础上应该进行提高能力的学习和锻炼。学习者可以在第二阶段开始对造型比较容易掌握的一般楦型进行独立设计的学习和锻炼，例如，圆头平跟男三节头楦、女素头楦等。

在从事独立设计的学习和锻炼时，首先要注意以设计理论作为实践的指导，切不可违背脚型的正常规律。

其次是抓住内容与形式的关系，能动地利用楦体的结构，合理而巧妙地安排楦体的各个组成部分，将楦体塑造成一个科学与审美相统一的有机体。

在第二阶段还应该注意以下几点：

1. 继续加深对设计理论的学习和理解

由于设计理论比较复杂、深奥，有些知识需要在实践中反复领会才能理解。同时，从理解到熟悉再到得心应手地运用，需要有一个过程。因此，必须进一步学习设计理论。

2. 继续提高手工刻楦的能力

只有将这种能力提高到相当熟练的程度，才能使设计者在工作中手、脑、眼形成高度的协调一致，才能更好地塑造楦体的造型，使自己的审美理想得到充分的展现。

3. 切实了解鞋类产品制作工艺对楦体造型的要求

较全面地了解各类鞋产品的制作工艺对楦体造型的要求，才能把握不同楦型的设计，提高设计的命中率，减少不必要的损失和浪费。

4. 提高艺术修养

学习者在这一阶段中应该有意识地学习一些美术绘画知识和技能，力争具备一定的绘画能力。要多看一些雕塑、绘画、工业造型设计、服装以及服饰品设计等艺术作品，通过一系列的审美活动，提高自己的境界，汲取其他艺术的养分，丰富自己，提高自己的审美能力。

三、独立设计阶段

这个阶段是学习楦体造型设计的高级阶段。

通过前两个阶段的学习和实践，学习者已经具备了一定的实力。在这个阶段上便可以开始结合市场的流行趋势对比较有创意性和创新性的楦体造型进行设计制作了。

创意性楦体造型设计，是设计者在受到某种启示之后，根据自己的审美构思而进行的一种创造性设计。

创新性楦体造型设计是设计者利用原楦的长处，克服原楦的短处，加入自己对流行的认识和审美意识的再创性设计。

创意性和创新性楦体造型设计都需要有较高的审美想象力和艺术眼光，否则是难以成功的。

因此，学习者在学习和实践中仍要不断地学习研究设计理论，不断地提高个人的艺术修养，以达到完善自己的目的。

第三节　鞋楦造型设计基础——素描

一、素描的含义和作用

1. 素描的含义

素描的含义有两层：一是指人们用单色塑造形体，培养造型能力、艺术思维及感觉的一门技能；另一层含义是指具有独立艺术欣赏价值的艺术门类。

2. 素描的作用

在造型艺术领域，素描被认为是一切造型艺术的基础。作为造型艺术之一的鞋楦造型设计，也同样需要学习者具备一定的素描功底。素描技能的高低直接关系到对楦体造型的把握能力，以及是否能为鞋楦造型的创新思维打好基础。

二、学习素描的目的、原则和方法

1. 学习素描的目的

学习素描的狭义目的是培养学习者在二维平面中准确刻画出物体的形体、质感和空间感的造型技能。对于从事楦型设计的人员来说，有了一定的素描能力，在把握鞋楦形体时就有了坚实的基础。素描能力的培养是学好鞋楦造型不可省略和逾越的环节。

2. 学习素描的原则

（1）循序渐进原则。

（2）目的明确原则。

（3）形体结构第一、光影调子第二原则。

（4）勤画多练和集中时间学习的原则。

（5）理论与实践、写生与临摹相结合原则。

（6）素描学习程度以够用为原则。

三、学习素描一般的观察方法和表现方法

1. 学习素描的一般观察方法

学习素描无论是写生还是临摹，都离不开对对象的观察，学习素描的过程是一个边观察、边画的过程。素描观察力的培养，实质上是培养素描学习者对物体的形体结构及其特征、比例关系、调子层次、透视变化等方面的感觉力。这是因为，素描是不借助任何仪器，全凭视觉观察来进行的。

（1）学习素描可以采用整体观察的方法。即把物体局部放到整体中去观察，而不是只盯着整体中的某一个局部画来画去，那样容易顾此失彼，画面凌乱，无论是形体结构关

系、明暗关系，还是比例关系、虚实关系和空间关系，都容易出现问题。整体观察实际上也是让画素描者用比较观察的方法去画，只有比较观察才能体现整体观察。

（2）素描观察还要注意把握对象的特征。物体特征有总体特征和局部特征。特征是物体形态的一种特有呈现，它包括大小、厚薄、长短、粗细、明暗、轻重、方圆、动静、强弱等。把握对象的特征才能画好素描。

2. **素描的一般表现方法**

素描的一般表现方法或者说表现形式主要有两种。一种是用线条表现，另一种是用明暗调子表现。

线条表现多用于研究和把握物象的形体结构，即我们所说的结构素描，线条表现法如图 7-6 所示。

明暗调子表现是在对物象形体结构理解和把握的基础上，用不同明暗的黑、白、灰调子去对物象的体积感、质感和空间感进行深入而真实的表现，即我们所说的光影素描（调子素描），明暗调子表现法如图 7-7 所示。

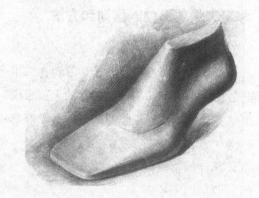

图 7-6　线条表现法　　　　　　　　　　图 7-7　明暗调子表现法

画素描的步骤如下：

第一步，观察、分析、比较。

画素描首先要认真观察、分析、比较。涉及内容有：对象的形体特征、比例、明暗、透视、虚实等。

第二步，构图、打（画）轮廓。

在观察、分析、比较的基础上开始打（画）轮廓及构图。素描构图有两个基本原则：一是不能在画面上太偏；二是要多样统一，打轮廓及构图如图 7-8 所示。

第三步，从对象最大结构处依次向较小结构处涂明暗调子。上明暗调子之前，最好再把对象的明暗调子层次认真分析、比较一下，找出最暗、次暗和最亮、次亮，以及几个大的灰色区域的差别，这样不容易把明暗关系画乱，涂明暗调子如图 7-9 所示。

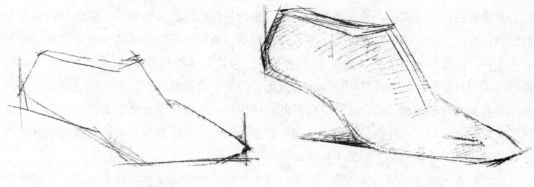

图7-8　打轮廓及构图　　　　　　　　　　图7-9　涂明暗调子

四、明暗调子素描的原则

明暗调子素描（光影素描）如图7-10所示，在上调子涂明暗时应遵循以下五个基本原则：

图7-10　明暗调子素描

1. **从大的结构处依次向较小的结构处推**

这样能增强物体整体的体积感，使所画对象尽快"立"起来，视觉整体性好。

2. **由暗部依次向亮部推**

这样做容易使画面层次感好，不易乱，也便于调整。

3. **沿着对象结构涂**

只有这样，所涂调子才能真正附在物体及表面上，而不是浮在画面上，成为不知所云的东西。

4. **深入刻画**

一般来说，素描深入刻画阶段仍应该从对象大的结构处着手，然后逐渐向小的结构处推，这样容易使画面始终保持较好的整体感。有一定素描基础后，也可以从对象的重点部位开始深入刻画。素描深入刻画阶段是追求所谓的"三感"，即把对象的立体感、质感和空间感真实地再现于二维平面的画面上。

5. 调整

素描画到接近完成时，进入到调整阶段。无论是打轮廓还是涂明暗，形体结构都有可能出现不准的问题，这就需要找出原因并进行调整。所画对象的形体结构不准的原因一般有两个：一是对所画对象的结构比例掌握不好，包括总体与局部、局部与局部之间的比例；二是对对象形体的轮廓线和结构线的弧度、斜度、透视没有把握准。调子花乱是素描初学者容易出现的问题，是素描调整阶段的一项内容。素描调子花乱常表现为在暗部中出现了过亮的调子，或在亮部里出现了过暗的调子。调整的方法是作画者眯起眼睛去观察调子，使调子变得有整体感，如图7-10所示。

素描画面的虚实效果对素描的生动性有很大影响，对空间感也有较大影响。素描中物象的形体结构、轮廓和调子的虚实常表现为清晰与模糊、对比与统一、丰富与简洁。通常情况下，素描对象的重点部位、形体靠前的部位、受光部位要刻画得"实"一些，具体表现为形体结构和调子处理得要丰富、具体与清晰一些。次要部位、靠后部位、背光部位的刻画相对就要"虚"一些，即形体结构和调子处理得要相对简洁、模糊、统一一些。素描中虚实相生，画面才能生动，即使是对重点部位、靠前部位和受光部位及某一个局部的处理，也要注意虚实变化。

复习题

1. 为什么说鞋楦设计主观条件比客观条件更为重要？

2. 楦型设计的理论知识包括哪些内容？

3. 试述楦型设计的原则。

4. 如何夯实鞋楦设计的基础？

5. 鞋楦设计第二阶段应注意哪几点？

6. 简述素描的含义和作用。

7. 素描学习有哪些原则？

8. 素描学习有哪些观察方法？

9. 明暗调子素描（光影素描）在上调子涂明暗时应遵循哪些基本原则？

第八章

鞋楦设计与制作

第八章 鞋楦设计与制作

一名优秀的鞋类设计师，不应仅仅懂得款式及帮样设计，还应掌握脚型规律及楦体造型设计方面的知识，像国际上许多著名的鞋类设计大师，同时还是脚型研究及楦型设计方面的专家。因为只有了解脚型规律的基本知识，掌握楦型的基本控制部位，才能设计出合脚的产品。本章主要介绍有关鞋楦设计与制作的基础知识。

第一节 脚型规律与楦底部位系数

一、常用脚型规律

脚型规律是通过对大量脚型测量资料的分析、统计、汇总和计算所得出的脚型各特征部位的规律和各特征部位间相互关系的规律。掌握和正确应用这些规律，对指导鞋楦设计，帮样设计、合理安排批量生产及商业销售，更好地满足广大消费者日益增长的需要是十分重要的。

我国成年男女常用的脚型基本规律及中等脚型尺寸如表 8 -1 所示。

表 8 -1　我国成年男女常用的脚型基本规律及中等脚型尺寸表　　　　单位：mm

部位名称	规　　律	男 255 （二型半）	女 235 （二型）
脚长	100.0%（脚长）	255	235
拇趾外突点部位	90.0%（脚长）	229.5	211.5
小趾外突点部位	78.0%（脚长）	198.9	183.3
第一跖趾关节部位	72.5%（脚长）	184.9	170.4
第五跖趾关节部位	63.5%（脚长）	161.9	149.2
腰窝部位	41.0%（脚长）	104.6	96.4
踵心部位	18.0%（脚长）	45.9	42.3
跖趾围长	0.7 脚长 + 常数*	246.5	229
前跗骨围长	100.0%（跖围）	246.5	229.0
兜跟围长	131.0%（跖围）	322.9	300.0
基本宽度	40.3%（跖围）	99.3	92.3

116

部位名称	规　　律	男 255（二型半）	女 235（二型）
拇趾里段宽	39.0%（基宽）	38.7	89.3
小趾外段宽	54.1%（基宽）	53.7	48.3
第一跖趾里段宽	43.0%（基宽）	42.7	38.4
第五跖趾外段宽	57.0%（基宽）	56.6	50.9
腰窝外段宽	46.7%（基宽）	46.4	41.7
踵心全宽	86.5%（基宽）	68.1	63.2

* 成人　一型回归方程：跖围 = 0.7 脚长 + 57.5

二型回归方程：跖围 = 0.7 脚长 + 64.5

三型回归方程：跖围 = 0.7 脚长 + 71.5

四型回归方程：跖围 = 0.7 脚长 + 78.5

五型回归方程：跖围 = 0.7 脚长 + 85.5

我国儿童常用的脚型基本规律及中等脚型尺寸如表 8 − 2 所示。

表 8 − 2　我国儿童常用的脚型基本规律表

部位名称	大童	中童	小童
脚长	100.0%（脚长）	100.0%（脚长）	100.0%（脚长）
拇趾外突点部位	90.0%（脚长）	90.0%（脚长）	90.0%（脚长）
小趾外突点部位	78.0%（脚长）	78.0%（脚长）	78.0%（脚长）
第一跖趾关节部位	72.5%（脚长）	72.5%（脚长）	72.5%（脚长）
第五跖趾关节部位	63.5%（脚长）	63.5%（脚长）	63.5%（脚长）
腰窝部位	41.0%（脚长）	41.0%（脚长）	41.0%（脚长）
踵心部位	18.0%（脚长）	18.0%（脚长）	18.0%（脚长）
跖趾围长	0.9 脚长 + 常数**	0.9 脚长 + 常数**	0.9 脚长 + 常数**
前跗骨围长	100.0%（跖围）	101.0%（跖围）	102.0%（跖围）
兜跟围长	132.0%（跖围）	131.0%（跖围）	129.0%（跖围）
基本宽度	40.0%（跖围）	40.3%（跖围）	40.5%（跖围）
拇趾里段宽	41.0%（基宽）	42.2%（基宽）	42.6%（基宽）
小趾外段宽	56.9%（基宽）	58.6%（基宽）	58.9%（基宽）
第一跖趾里段宽	42.6%（基宽）	42.1%（基宽）	42.3%（基宽）
第五跖趾外段宽	57.4%（基宽）	57.9%（基宽）	57.7%（基宽）
腰窝外段宽	46.9%（基宽）	47.3%（基宽）	48.49%（基宽）
踵心全宽	68.5%（基宽）	69.5%（基宽）	70.5%（基宽）

** 儿童　一型回归方程：跖围 = 0.9 脚长 + 11.5

二型回归方程：跖围 = 0.9 脚长 + 18.5

三型回归方程：跖围 = 0.9 脚长 + 25.5

二、脚型规律在楦底盘设计上的应用

鞋楦设计的基础是楦底盘的设计。鞋楦底盘各特征部位系数的确定是以脚型规律为依据的，是脚型部位系数在楦底盘上的反映，而不能等同于脚型规律。这是我们特别需要注意的问题。如果我们完全以脚的底样轮廓及尺寸作为楦底盘尺寸，那么设计出的鞋就会既肥大难看又不适合穿着。

下面我们就如何在已知脚型规律，即脚型特征部位系数的条件下，确定楦底盘的特征部位系数，进行简单的探讨。

1. 楦底盘特征部位长度向系数的确定

在设计楦底样时，首先要确定楦底长度及长度向特征部位系数。由于楦底样长 = 脚长 + 放余量 - 后容差，因此使用计算方法不同，放余量和后容差两个数值也不同。我国常用的楦底长度系数计算方法是保持后容差和放余量不变。

楦底部位系数的计算如下：

$$脚部位数 = 脚长 \times 脚部位系数$$
$$楦底部位系数 = 脚部位数 - 后容差$$
$$= 脚长 \times 脚部位系数 - 后容差$$
$$= 楦部位数 \div 楦底样长$$

现以男素头皮鞋楦为例说明如下：

一般我们将后容差设定为 5mm，放余量设定为 20mm，按上述公式计算楦底盘第一跖趾关节部位系数，如表 8-3 所示。

表 8-3　男素头皮鞋楦底部位系数的计算　　　　　　　　　　单位：mm

部 位 名 称	鞋 号 250
脚　　　长	250
放　余　量	20
后　容　差	5
楦底样长 (250 + 20 - 5)	265
脚型第一跖趾关节部位数 (250 × 72.5%)	181.3
楦型第一跖趾关节部位数 (181.3 - 5)	176.3
楦型第一跖趾关节部位系数 (176.3 ÷ 265) × 100%	66.5%

2. 楦底盘各特征部位宽度的确定

脚型与楦型的不同，反映在楦底样宽度设计上尤为明显，如果说楦底样长度大于脚长，是考虑了放余量和后容差等因素，理解起来比较容易，那么楦底样宽度要小于脚底轮廓宽度，则是经常被忽略的问题。

楦的跗围小于脚，是因为脚有一定的感差值（生理学叫感差阈值）。一般中等脚长的男性，在鞋的跗围小于脚的跗围 6mm 时，感觉最为舒适。同理，楦底盘也应窄于脚底。其范围在脚印与脚轮廓线之间。

脚的基本宽度 = 第一跖趾里宽 + 第五跖趾外宽，而楦的基本宽度则是根据脚的感差值及舒适度等因素确定的，一般男鞋在 90mm、女鞋在 82mm 左右。

鞋楦底盘各特征部位宽度系数的计算方法如下：

$$宽度系数 =（特征部位宽度 ÷ 基本宽度）×100\%$$

例如，250（三型）男鞋楦底部分特征部位计算为：

$$第一跖趾里段宽度系数 =（第一跖趾里段宽 ÷ 基本宽度）×100\%$$
$$=（37.5 ÷ 90）×100\% = 41.6\%（基宽）$$

$$腰窝外宽系数 =（腰窝外宽 ÷ 基本宽度）×100\%$$
$$=（41 ÷ 90）×100\% = 45.5\%（基宽）$$

根据上述计算方法，男素头皮鞋 250 号、跟高 25mm，其楦底盘特征部位的设计尺寸如表 8-4 所示。

表 8-4　男素头皮鞋 250 号，跟高 25mm 楦底盘设计尺寸　　　　单位：mm

部位名称	脚型规律	楦型部位系数	二型	二型半	三型
楦底样长	—	100%（底样长）	265	265	265
放余量	—	7.6%（底样长）	20	20	20
脚趾端点部位	100%（脚长）	92.5%（底样长）	245	245	245
拇趾外突点部位	90%（脚长）	83.0%（底样长）	220	220	220
小趾外突点部位	78.0%（脚长）	71.7%（底样长）	190	190	190
第一跖趾关节部位	72.5%（脚长）	66.5%（底样长）	176.2	176.2	176.2
第五跖趾关节部位	63.5%（脚长）	58.0%（底样长）	153.7	153.7	153.7
腰窝部位	41%（脚长）	36.8%（底样长）	97.5	97.5	97.5
踵心部位	18%（脚长）	15.1%（底样长）	40	40	40
后容差	2%（脚长）	1.9%（底样长）	5	5	5
基本宽度	40.3（跗围）	36.7%（跗围）	86.7	88	89.3
拇趾里宽	39%（基宽）	38.2%（基宽）	33.1	33.6	34.1
小趾外宽	54.1%（基宽）	56.0%（基宽）	48.6	49.3	50
第一跖趾里宽	43.0%（基宽）	40.9%（基宽）	35.5	36	36.5
第五跖趾外宽	57.0%（基宽）	59.1%（基宽）	51.2	52	52.8
腰窝外宽	46.7%（基宽）	44.9%（基宽）	38.9	39.5	40.1
踵心全宽	68.5%（基宽）	68.5%（基宽）	59.4	60.2	61.1

不同国家鞋楦底盘的设计方法是根据各国主体民族的脚型规律与传统制作工艺制定

的，日、德、英、美、俄等国都有一套自己的设计方法，如特征部位点的选取和确定、基本尺寸的测定等。这些细节反映出脚型规律的不同，也会影响到穿着的舒适性，在制作外销鞋及楦时，要予以考虑。

第二节　鞋楦设计基础

鞋楦是以脚型为依据的，它决定着鞋的造型式样、合脚性及舒适性，但又不能完全和脚一样。脚、鞋楦之间是辩证统一的关系。同时，鞋楦的设计还要充分考虑款式、工艺、材料等方面的因素。

一、鞋楦底样设计

鞋楦底样设计是鞋楦设计的第一步，它的设计分鞋楦底样长度设计和宽度设计。

1. 鞋楦底样长度设计

（1）鞋鞋楦长度的几个概念：

楦底样长：楦底前后端的曲线长度。

楦底长：楦底前后的直线距离。

楦全长：楦底前端与后跟突点的直线距离。

放余量：为使脚在鞋内有一定的活动余地所加出的余量。

后容差：楦后跟的凸度叫后容差。

（2）脚长与楦长的关系。脚长是设计鞋楦底样的依据，无论何种款式、品种的鞋楦，其楦底样长度均应大于脚长。因为人在站立或行走时，一是足弓韧带被拉长，脚的长度随之加大，最大可达5mm；二是鞋底跖趾部位的弯曲半径大于脚跖趾部位的弯曲半径，使脚在鞋内向前移动，移动距离为 5 ~ 10mm；三是由于季节的变化，引起脚的胀缩可达 3 ~ 5mm。所以，鞋前头必须留出脚趾活动的空间，脚长与鞋楦底样长的关系可以用下列公式表示：

$$楦底样长 = 脚长 + 放余量 - 后容差$$

（3）鞋楦底样长度设计。鞋楦底样长度设计的关键是放余量的确定。放余量的多少与鞋的功能、品种及头型等有关。如同是素头皮鞋，男鞋楦的放余量约 20mm，女鞋楦的放余量约 17mm，儿童鞋楦因其脚正处于生长期，放余量太小，穿不了多久就可能顶脚，但放余量过大，又会使行走不稳，左右晃动，发生扭伤，既不舒适，也不美观，还会养成歪斜、拖拉的走路姿势，很难矫正。所以，要根据每一年龄段脚的平均增长量，脚的负重伸缩率等因素计算、分析、确定最佳放余量。我国儿童鞋楦放余量约 14mm。

楦头型改变时也要适当的改变放余量，如一般鞋头（方型、圆型）女鞋楦放余量约 17mm，尖头约 20mm，超长楦一般放 30mm 以上。不同尺寸的凉鞋、皮鞋、运动鞋的放余量也不同，具体尺寸参照如表8-5、表8-6所示。

表8-5　男鞋255号（二型半）不同品种的放余量　　　　单位：mm

品种	素头皮鞋	三节头皮鞋	舌式皮鞋	全空凉鞋	满帮凉鞋	靴子	运动鞋
楦底样长	270	275	270	260	270	270	267
放余量	20	25	20	9	20	20	16

表8-6　美国鞋楦系列不同品种鞋楦底样长度　　　　单位：mm

鞋号	皮鞋	休闲鞋	运动鞋	登山鞋	凉鞋
男8#	271	269	270	269	265
儿童4#	238	236	237	236	232
儿童13#	206	204	205	204	200

2. 鞋楦底样宽度的设计

（1）脚的宽度与楦型宽度的关系。脚的基本宽度大于楦的基本宽度。在楦型基本宽度的设计时，由于楦的跗围固定，若基宽太宽，成鞋会下塌，成扁平状，不美观；反之则会穿着不舒适。原因是人脚的第一、第五跖趾关节骨骼多、肌肉少、可压缩性差，加上要承受体重和劳动负荷，过窄会造成夹脚。

脚的拇趾里宽应大于楦的拇趾里宽。因为虽然脚拇趾向外有较大的活动能力，但能适当压缩；脚的五趾外宽小于楦五趾外宽，因为脚五趾在行走时的活动量最大，为了穿着舒适，使鞋帮不宜破损，要有些预留量。

楦的腰窝宽度要小于脚的腰窝宽度。为了穿着舒适及节省鞋底用料，一般楦的腰窝宽度要小一些。

脚的踵心宽度大于楦的踵心宽度。人脚踵心部位肉体十分圆滑饱满，由于人在站立或承重时，踵心部位两侧肌肉膨胀，所以应保留较多的边距，以保证楦踵心两侧有一定的容量。

（2）鞋楦底样宽度的设计。楦型设计中，最需要把握的尺寸是楦的长度和围度。楦的围度反映在楦底样上，就是楦底样宽度。

楦底样的主要宽度有基本宽度和踵心宽度，它的宽窄会影响到鞋的造型及运动机能，所以不同品种的鞋，其楦底样宽度是有所区别的。如足球鞋和田径鞋，由于人的运动量大、激烈、快速，足球鞋还经常与球发生摩擦，都应适当减少围度和楦底样宽度，使鞋能够更加"包脚"，易于控制；而像网球鞋、登山鞋等，则可将底样适当放宽，使人在运动时脚感更为舒适一些；日常穿着的皮鞋、休闲鞋、凉鞋等，楦底样则可更宽一些。女鞋235（一型半）50mm跟高不同品种鞋楦底样宽度如表8-7所示，美国鞋楦系列男鞋8号不同品种鞋楦底样宽度如表8-8所示。

表8-7　女鞋235（一型半）50mm跟高不同品种鞋楦底样宽度　　　　单位：mm

品种	超长舌式	素头	浅口	全空凉鞋
基本宽度	76.8	78.8	77.5	77.5
踵心宽度	52.5	52.5	51.6	51.6

表8-8　美国鞋楦系列男鞋8号不同品种鞋楦底样宽度　　　　单位：mm

品种	皮鞋	休闲鞋	运动鞋	登山鞋	凉鞋
前掌宽度	92	90	89	91	96
后跟宽度	61	62	58	62	60

由于鞋跟高度的改变，脚的受力平衡以及压力下脚部肌肉状态都有所变化，在设计楦底样宽度时要充分考虑。不同跟高的楦底样宽度设计数值如表8-9所示。

表8-9　女素头皮鞋不同跟高的楦底样宽度设计数值　　　　单位：mm

跟高	20	30	40	50	60	70	80
基本宽度	81.5	81.5	78.8	78.8	77.6	77.6	77.6
踵心宽度	54.3	54.3	52.5	52.5	51.7	51.7	51.7

3. 鞋楦底样设计步骤

以男素头皮鞋250（三型）为例，简单介绍鞋楦底样的设计步骤。

（1）各部位尺寸的确定。楦底样各特征部位系数是以脚型规律为依据的（表8-10），对于一般用鞋，其宽度须在脚印与轮廓之间。以生理特点考虑，肌肉部分压缩性大，宽度可适当小些，骨骼部分压缩性小，宽度应适当大些；还要注意到各特征部位静和动的变化。楦底样宽度尺寸主要以经验值为主。

表8-10　男250号素头皮鞋楦底样长度部位的确定

楦底样长度部位	计算方法	皮鞋楦底样长度（mm）
楦底样长度	脚长 + 放余量 - 后容差	250 + 20 - 5 = 265
脚趾端点部位	脚长 - 后容差	250 - 5 = 245
拇趾外突点部位	90%脚长 - 后容差	225 - 5 = 220
小趾外突点部位	78%脚长 - 后容差	195 - 5 = 190
第一跖趾部位	72.5%脚长 - 后容差	181.5 - 5 = 176.5
第五跖趾部位	63.5%脚长 - 后容差	158.8 - 5 = 153.8
腰窝部位	41%脚长 - 后容差	102.5 - 5 = 97.5
踵心部位	18%脚长 - 后容差	45 - 5 = 40

（2）设计步骤

①划一条直线作楦底样轴线，在轴线上作各特征部位的标志点，如图8－1（a）所示。

在楦底样轴线上量取下列尺寸：

OA——楦底样长 265mm；

AB——放余量 20mm；

OH——踵心部位长度 40mm；

OG——腰窝部位长度 97.5mm；

OF——第五跖趾部位长度 153.8mm；

OE——第一跖趾部位长度 176.3mm；

OD——小趾外突部位长度 190mm；

OC——拇趾外突部位长度 220mm。

②除踵心部位点 H 和脚两头端点 O、A 外，以各部位点为准，作轴线的垂线，量出各部位宽度尺寸宽度，如图8－1（b）所示。

CC'——拇指里段宽 33.6mm；

DD'——五趾外段宽 49.3mm；

EE'——第一跖趾里段宽 36mm；

FF'——第五跖趾外段宽 52mm；

GG'——腰窝外宽 39.5mm。

③在 FF' 段上，自外向里，量取 EE' 段尺寸，得到 I 点，并将 I 点与底样后端点 O 相连，此线即为分踵线。自轴线上的踵心部位点 H 作分踵线的垂线，并向两端延长，H_1H_2 为踵心全宽59.6mm。$HH_1 = 1/2H_1H_2$，如图8－1（c）所示。

④曲线连接各点，如图8－1（d）所示。

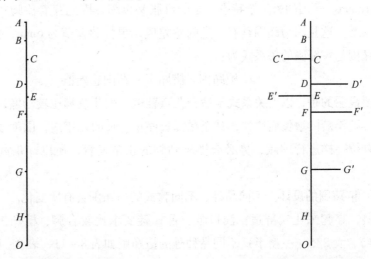

（a）楦底样长度特征部位标志点的确定　　　　（b）楦底样特征部位宽度确定

图8－1

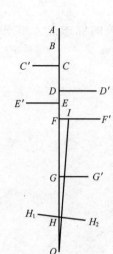

（c）确定分踵线

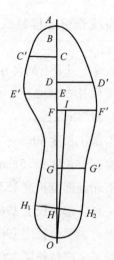

（d）以曲线连接各点

图 8 – 1   设计步骤的图示

二、鞋楦围度的设计

鞋楦围度的设计分为楦的跖趾围长和跗围，通常在设计靴子时，才涉及兜跟围。

1. 鞋楦跖趾围长的设计

楦跖围是指的第一跖趾内宽点与第五跖趾外宽点间的围长。

（1）脚跖围与楦跖围的关系。脚的跖趾围长是脚的关键部位，人在走路时它既要负重，又要发生弯曲，对穿着鞋的舒适性影响很大。跖围受季节变化而胀缩，变化率为 3 ～ 8mm；人行走时前横弓下塌，血液流动加速，引起跖围尺寸加大，男性最大增加 13.5mm，女性为 16mm。跖围的另一个特点，是既可胀又可缩，因此穿着比脚跖围略小的鞋不会感到特别难受。这是因为跖围具有一定的感差值，男性感差值为 6mm，女性为 2.08mm。所以，楦跖围与脚跖围的关系式为：

楦跖围 = 脚跖围 – 跖围感差值

需要说明的是，以上关系式不适合儿童鞋楦。因儿童脚比较幼嫩，又处于生长期，跖围的尺寸随年龄的增长而增加，甚至在脚长停止生长的几年内，围度还在继续增长。如果像成人鞋楦一样进行缩减，势必会影响到脚的正常发育，所以，儿童鞋楦的跖围需适当加大。

（2）楦跖围的设计。不同品种、不同款式的楦跖围会有所变化。一般的系带鞋，楦跖围可肥些，穿起来比较舒适；浅口鞋、舌式鞋要求比较合脚，楦跖围要略小些。男 255（二型半）、女 235（一型半）不同品种鞋的楦跖围如表 8 – 11、表 8 – 12 所示。

表 8 – 11　男 255（二型半）不同品种鞋的楦跖围　　　　　单位：mm

品种	素头	三节头	舌式	全空凉	满帮凉	靴	运动
楦跖围	243	243	239.5	239.5	243	246.5	243

表 8 – 12　女 235（一型半）不同品种鞋的楦跖围　　　　　单位：mm

品种	素头	浅口	超长舌式	全空凉	靴
楦跖围	220	216.5	220	216.5	223.5

鞋的跟高不同，楦跖围也有所变化。因脚前掌部分受力随后跟加高而加大，压力下肌肉扩张、脚跖围度增加，故楦跖围必须随之增加。女 235 号（一型半）鞋楦跖围随跟高的变化而变化，如表 8 – 13 所示。

表 8 – 13　女鞋 235（一型半）楦跖围随跟高的变化　　　　　单位：mm

跟高	20	30	40	50	60	70	80
浅口楦	216.5	216.5	218.5	218.5	220.5	220.5	220.5
素头楦	220	220	222	222	224	224	224

2. 鞋楦跗围的设计

楦跗围是指楦的腰窝外宽点绕过楦背一周的周长。

（1）脚跗围与楦跗围的关系。跗围是脚上很重要的尺寸之一。合理的楦跗围能使脚保持在正确的位置上，能托住脚心，防止脚向前冲，且不妨碍血液循环、皮肤呼吸和鞋内空气的流通。

楦的跗围一般较脚的跗围大，原因是脚的腰窝部位除平脚外一般凹度较大，由于工艺限制，一般的鞋很难达到接近脚心的凹度，故一般鞋楦与脚的关系为鞋楦跗围大于脚跗围。

儿童的前跗骨围长与跖围尺寸之比要大于成人，故儿童鞋楦的尺寸也需适当放大，且与年龄成正比。

（2）鞋楦跗围设计。楦跗围不但对楦的造型影响很大，对穿着合脚性、舒适性也影响很大。在楦底样确定后，楦跗围设计的重点是楦跗背的控制，如系带素头鞋，跗背太高鞋耳外裂，跗背太低则鞋耳重叠很不美观；"一脚蹬"的舌式鞋，跗背高时脚容易穿进去，但走起来鞋不"跟脚"，跗背低时脚进鞋又困难，而且穿是太紧也不舒服。浅口鞋、拖鞋、包子鞋等不系带的鞋，跗背可设计的平坦些，像三节头、劳保鞋、登山鞋等，跗背可设计的饱满些。

楦跗围与楦跖围在造型设计上相似，但也要根据鞋的不同品种进行适当的变化。男255（二型半）、女 235（一型半）不同品种鞋的楦跗围，如表 8 – 14、表 8 – 15 所示、女鞋 235（一型半）楦跗围随跟高的变化而变化，如表 8 – 16 所示。

表 8－14　男 255（二型半）不同品种鞋的楦跗围　　　　　单位：mm

品种	素头	三节头	舌式	全空凉	满帮凉	靴	运动
楦跗围	247.1	247.1	241.5	247.6	251.5	246.6	247.1

表 8－15　女 235（一型半）不同品种鞋的楦跗围　　　　　单位：mm

品种	素头	浅口	超长舌式	全空凉	靴	运动
楦跗围	222	216.5	222	224.6	228.6	229.0

表 8－16　女鞋 235（一型半）楦跗围随跟高的变化　　　　　单位：mm

跟高	20	30	40	50	60	70	80
浅口楦	218.5	216.5	215.5	213.4	213.4	211.4	209.3
素头楦	224.1	222	221	219	219.0	216.9	214.9

3. 脚兜跟围与楦兜跟围的关系

楦兜跟围的尺寸合理与否，在靴的设计中具有十分重要的意义，尺寸大，行走时不跟脚，尺寸过小，则穿脱困难。楦的兜跟围须大于脚的兜跟围。

三、主要楦身尺寸的确定

1. 鞋楦的前跷设计

脚的前跷，又称自然跷度，是在不负重并自由悬空的状态下，由跖趾部位向前至脚趾自然向上弯曲，并与脚底平面构成的角。中国成人的自然跷度角平均不大于 10°，且女性大于男性，成人大于儿童，幼儿基本为 0°。

楦的前跷，应以脚的自然跷度为依据。适当的前跷，在步行时脚的跖趾关节曲背运动相对减少，走起路来比较轻快。前跷过低，鞋前头底部受损加快；前跷过高，会导致前掌凸度过大，造成脚横弓下塌，引起拇趾关节畸形等病症，还可能促使两侧腰窝的鞋帮起褶；所以，要经过舒适性、运动性及外观造型等多方面的研究来制定合理的前跷高度。一般成人前跷控制在 15~17mm。由于前跷的高度直接影响到脚的健康及鞋的舒适性，儿童鞋楦的前跷设计要非常谨慎，儿童的脚底较平，幼儿期的平均自然跷度约为 0°，过高的前跷会对脚产生非常严重的影响，如脚的跖趾横弓下塌、拇指畸形等，因此儿童鞋楦前跷应低些。

楦的前跷与鞋的品种、功能有关，如男 255 号鞋，皮鞋前跷为 17mm，皮靴约 16mm，全空凉鞋和网球鞋约为 15mm。

鞋楦的前跷设计还要考虑大底的回缩量，成型底越厚，回缩量越大，一般为 4~5mm。组装底回缩量较小，一般 1~2mm。另外，前跷还与跟高有关。

2. 鞋楦的后跟设计

后跷即后跟高，是指脚后跟垫起的高度。

人在行走时，一般脚抬起的高度约为 50mm，如果穿 25mm 跟高的鞋，起步时可节省一半的力量；后跟还可以减少外底与地面的接触面积，改进鞋子的导热性能；防止水分从腰窝和后掌部位透入鞋内；使体重均匀地分布在脚的前后部，提高足弓的弹性，固定鞋的形状。过高的鞋跟会破获足部的受力平衡，引发拇外翻等脚疾。

在设计鞋楦时，后跟是固定值，男鞋跟高以 5mm 为单位递增，如 20、25、30、35……；女鞋以 10mm 为单位递增，如 20、30、40……

3. 鞋楦的前跷与后跟的关系

在鞋的设计中，跟高与前跷的关系密切，但无论怎样调节，楦和跟固定在一起时，楦的前掌部位和跟的基面应能够在平面上平稳放置，且跟的基面完全与平面相吻合。

图 8-2 表明了前跷与后跷的关系，一般前跷放低，后跷必然抬高。一般女鞋后跷每抬高 10mm，前跷即降低 1mm；男鞋后跷抬高 5mm，前跷即降低 1mm。男女鞋前跷与后跟的关系如表 8-17、表 8-18 所示。

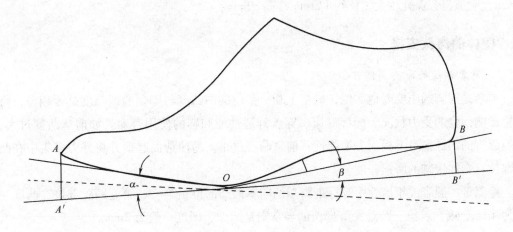

图 8-2　鞋楦的前跷与后跷

AA′前跷高　BB′后跷高　α—前跷角　β—后跷角

O—前后跷轴心点（前掌凸度部位）

表 8-17　男鞋前跷尺寸与后跟高度之关系　　　　　单位：mm

跟高	25	30	35	40	45	50
前跷	17	16	15	14	13.5	13

表 8-18　女鞋前跷尺寸与后跟高度之关系　　　　　单位：mm

跟高	20	30	40	50	60	70	80
前跷	15	14	13	12	11	10	9

4. 其他楦身尺寸的确定

（1）鞋楦跗面曲线，一般低腰鞋楦的跗面曲线与脚型相同，但高度要大于脚型。

（2）足弓曲线，腰窝曲线与足弓曲线相似，稍有差别。这是由于制作工艺的局限，楦的腰窝曲线不可能过于弯曲，要低于脚型，且后部平直。实际上，楦底只是支撑了脚的外纵弓，内纵弓是由鞋帮托起的。

（3）后跟弧线，后跟弧线是以脚的后跟凸点为设计依据的。上口收缩的尺寸一般比鞋楦前头至后跟下端点的距离小 3~4mm。若上口收的太少，鞋帮敞口不跟脚；若收得太多，则会造成帮口卡脚。

（4）头厚，鞋楦头厚的确定主要依据拇指厚度。一般男皮鞋头厚 20~22mm，超长鞋和劳保鞋要高些，全空凉鞋要低些，约 16~17mm。儿童鞋楦的头厚应适当加高，一则从神经反射学考虑，人体头部反射区全部集中在脚趾部，趾部的血液循环将会直接影响到大脑的发育；二则可以使鞋头显得更加圆润、丰满、厚实，更能体现出儿童的活泼可爱，但如鞋楦头太高，会造成前部活动空间太大，缺乏稳定性。

（5）统口长和宽，这与制鞋工艺、品种有关，一般男皮鞋统口长 102mm，宽 25~26mm，靴子、劳保鞋较大，长约 112mm，宽 30mm。

四、楦体的肉头安排

1. 前掌部位的肉头安排

前掌是人脚的主要着地部位，鞋楦上相应部位的凹凸度与脚型的凹凸度是否相符，将直接影响到脚的受力状况、脚部健康、穿着舒适性能和鞋的使用寿命。如前掌凸度过大，将引起脚的跖趾横弓下榻而失去弹性；前掌凸度过小，易使帮面起褶并将外力多集中在凸度部位，会加快鞋的磨损程度。

经测量，健康成年男性中等标准脚型的前掌最凸部位是第一、第五跖趾部位，凸度一般为 4mm；第二、第三跖趾关节部位的脚掌则是凹型，凹度一般为 2mm。

要使脚型与鞋楦相吻合，前掌凸度以 4mm 为宜，但考虑到跖围、跖宽在缩减后，脚掌部位有所增厚，又为使皮鞋装脚，一般将男鞋前掌凸度定为 5mm，女鞋定为 4mm。这样舒适度比较好，因为凸度稍小可加大前掌凸度的面积，也就是说加大前掌的受力面积，同时也增大了外底前掌的着底面积。

为了使鞋有足够的容量，鞋楦跖趾部位的肉体安排要饱满，尤其是第一跖趾部位，要比第五跖趾部位更加厚实、丰满、圆润。

2. 底心凹度与腰窝部位的肉头安排

楦底心凹度尺寸安排主要考虑到与脚的腰窝部位相适合，这样内底能轻轻托着脚心，分散脚部受力。一般男鞋底心凹度为 7mm，女鞋底心凹度为 6.5mm。在设计高跟鞋时，此处凹度尺寸须随跟高加大，这样可增加人体站立时的支撑力，加大鞋的舒适度。女浅口鞋楦不同跟高下的底心凹度，如表 8-19 所示。

表 8-19　女浅口鞋楦不同跟高下的底心凹度　　　　单位：mm

跟高	20	30	40	50	60	70	80
底心凹度	6.5	7	7.5	8	8.5	8.5	8.5

楦腰窝的足内弓部位肉体比较突出，鞋楦这部分的肉头要安排得饱满些，外弓处也有一条肉体，但比较小而低，楦外腰窝的肉体安排就要设计得紧些、往下靠一些。腰窝部位点向前曲一些，向后直一些，以和足弓形状相适合。

3. 踵心凸度与后跟部位的肉头安排

楦踵心部位也是脚的承重部位。从足底静态受力值分析得知：脚后跟部的最大受力部位在脚长的 11.73% ~ 24.78% 处，而并非脚长的 18%，现定的踵心部位。这说明脚跟部的静态受力是一个面。为了加大鞋跟部的受力面积，踵心凸度以稍平为益。一般男鞋在 3mm，女鞋在 2.5mm。一般鞋楦里怀肉头安排要少且靠上，外怀肉头安排要多且靠下。

五、楦体纵断面的设计

楦体纵断面是由轴线、背中线、统口中线和后弧中线组成的断面，也是鞋楦纵向轮廓曲线最大的断面。因为它是由不规则的曲面构成，所以很难找到一套比较精确的设计方法。下面介绍的是通过对石膏脚模的观察和测量，根据脚型规律的有关数值来确定断面部位线的角度，结合实际经验来描画曲线轮廓的一套方法。

以女素头皮鞋 235 号、50mm 跟高为例。

1. 绘制鞋楦底样

绘制方法见本节"一、鞋楦底样设计"，并参考女素头皮鞋 235 号、跟高 50mm 的相关数据。

2. 作鞋楦跷度线

做鞋楦跷度线时可参照图 8 - 3，具体步骤如下。

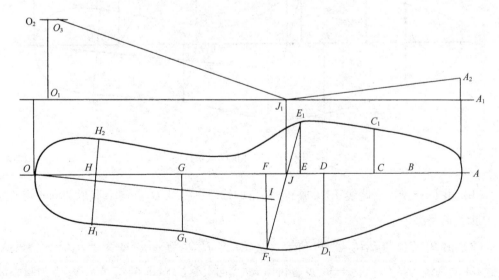

图 8 - 3 鞋楦跷度线设计

（1）由 O、A 点分别做轴线 OA 的垂直，并分别向上截取 45mm，设为 O_1A_1 点，连接两点为水平线 O_1A_1。

（2）连接 E_1F_1，与轴线 OA 交于 J 点，由 J 点作轴线 OA 的垂线，并与水平线 O_1A_1 交于 J_1 点，J_1 点即为跖趾部位弯曲中心。

（3）由 J_1 点向前作直线，让 $J_1A_2 = JA$，A_2 点与 O_1A_1 的垂直距离为 12mm，A_2 点为楦体前端点，A_2 点距水平线 O_1A_1 的距离为前跷高度。

（4）由 J_1 点向后作直线，让 $J_1O_2 = JO$，O_2 点与 O_1A_1 垂直距离为 50mm，然后再从 O_2 点向前作水平线并截取 2mm 得到 O_3 点，O_3 点距水平线 O_1A_1 的距离为后跷高度。

（5）分别连接 J_1A_2、J_1O_3，J_1A_2 为前跷线，J_1O_3 为后跷线。

3. 作楦体控制线

作楦体控制线可参照图 8-4，具体步骤如下。

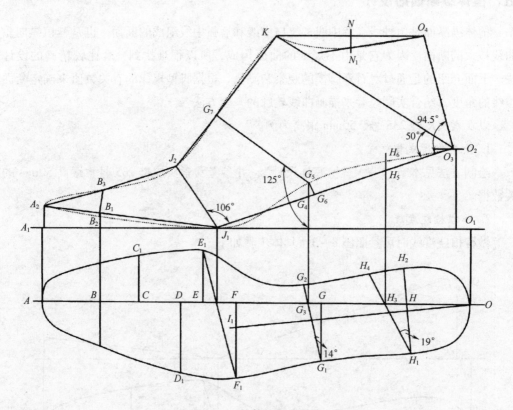

图 8-4　楦体控制线设计

（1）由 O_3 点做与后跷线 J_1O_3 成 94.5° 角的线段，并从 O_3 点向上截取 70mm 得 O_4 点，O_3O_4 即为后身高。

（2）由 H_1 点做与 H_1H_2 呈 19° 角的线段 H_1H_4，H_1H_4 与轴线 OA 交于 H_3 点，然后从 H_3 点做 OA 的垂线，与 O_3J_1 交于 H_5 点，再由 H_5 点向上延长 5mm 至 H_6 点，H_6 点为踵心最凸部位点。

（3）由 G_1 点做与 GG_1 呈 14° 角的线段 G_1G_2，G_1G_2 与轴线 OA 交于 G_3 点，从 G_3 点做轴线 OA 的垂线，与后跷线 J_1O_3 交于 G_4 点，从 G_4 点向上延长，自此延长线上取点做 J_1O_3

的垂线，使垂线长度为8mm，确定G_5点，垂足为G_6点，G_5点为腰窝最凹部位点。

（4）由B点做轴线OA的垂线，并与前跷线J_1A_2交于B_1点。

（5）由O_3点做与后跷线J_1O_3成50°角的直线至K点，O_3K为兜跟围线，该线长度为128.5mm。

（6）由G_5点做与G_3G_5呈125°角的线段G_5G_7，该线段长度为70.5mm，G_7为测量楦跗围的标志点。

（7）由J_1点向上做与后跷线J_1O_3呈106°角的直线J_1J_2，J_1J_2线段长度为45mm，此线段即为楦跖围测量线。

（8）由B_1做J_1A_2的垂线，B_1向下延长并截取3mm得B_2点，再从B_2向上截取16.5mm至B_3点，B_3点为鞋楦头测量标志点。

4. 描画纵断面轮廓线

纵断面轮廓线的描画可参见图8-5，具体步骤如下：

（1）将O_2O_4后身高平分7等份，得到1、2、3、4、5、6点，自1、2、3、4、5、6点分别向外作O_2O_4的垂线，并在1点的垂线上截取线段5mm；2点的垂线上截取7mm；3点的垂线上截取7mm；4点的垂线上截取6mm；5点的垂线上截取4.5mm，6点的垂线上截取3mm，最后按照截取的线段由O_3到O_4点顺次连成圆滑的弧线，即为后弧线。

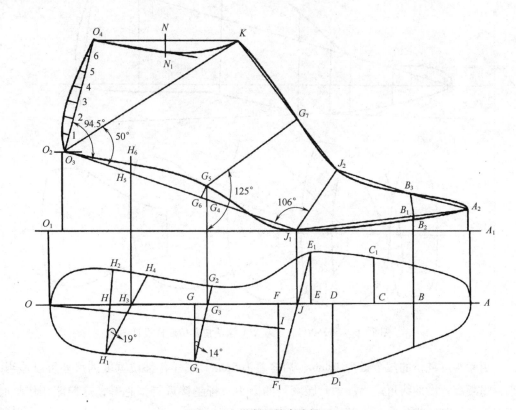

图8-5 纵断面轮廓线描画

（2）连接 KO_4 点，平分 KO_4 得 N 点，自 N 点作 KO_4 的垂线，并从 O_4 点起作与 KO_4 线段呈9°夹角的直线，与 KO_4 的垂线相交于 N_1 点，用曲线板将 $O_4 N_1 K$ 连成圆滑曲线，即为楦统口弧线。

（3）先用直线连接各点，再按各部位适宜的弧线描绘成圆滑的曲线，即可得到纵断面轮廓图，如图8-5所示。

六、款式与楦型的关系

不同结构款式的鞋对鞋楦的要求是有差别的。同一品种的鞋采用不同成型工艺对鞋楦的要求也有所不同。如采用线缝工艺和胶粘工艺的楦型可以通用，但采用模压、注塑工艺的楦型则不能通用。

1. 素头皮鞋的鞋楦体设计与造型

以男250号（二型半）素头皮鞋为例。将鞋楦设计与造型的方法和步骤介绍如下，男250号（二型半）素头皮鞋楦体设计可参照图8-6。

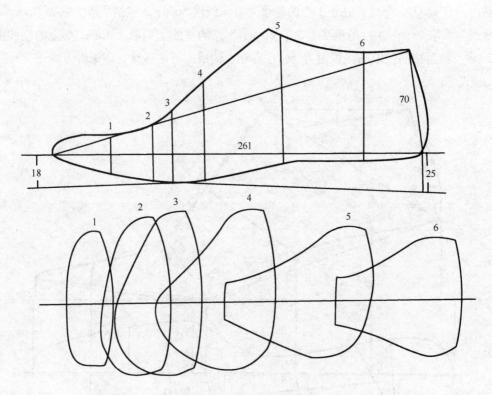

图8-6　男250号（二型半）素头皮鞋楦底样设计图

男素头皮鞋楦的放余量为20mm，后容差为5mm。底样各部位宽度的尺寸可以适当缩小，里腰窝弯度曲线可适当加大。腰窝处的肉头安排越接近脚型越好，这样能托住脚心，不但可减轻跖趾部位和踵心部位的负担，穿着也较舒适。

人穿着前跷合适的鞋起步轻快，前尖磨损小，帮面褶皱少。男250号素头皮鞋楦当后跟高 25mm 时，其前跷高以 16 ~ 18mm 为宜。

前掌凸度太大会因着地面积小，使得脚掌受力面积过于集中而影响穿着的舒适性，并可能使跖趾关节处于疲劳状态，缝制皮鞋一般控制在 5 ~ 6mm 为宜，模压、注塑皮鞋须略大些，一般控制在 6.5mm 左右。

踵心凸度由于工艺限制，多为 4mm，比脚型的踵心凸度略小。

鞋楦的底心凸度随鞋跟增高而增大，线缝皮鞋一般有钢勾心结构，底心凸度可适当加大，以托住脚心，并且穿着舒适。其跟高在 25mm、30mm、35mm 时，对应的底心凸度为 6mm、6.5mm、7mm。模压、注塑皮鞋楦所对应的底心凸度为 5mm、5.5mm、6mm，这是因为工艺的不同，使得底心过大，容易造成鞋后帮敞口，穿着不舒适。

男 250 号素头皮鞋的后跟凸度为 3mm，后跟的弯度控制，在鞋楦的后身高为 70mm 时，鞋楦斜长比鞋楦底样长出 2 ~ 3mm。从脚的变化规律上，现代人脚部的重心后移，跟部有所加大，故此部位的肉头要适当加大。

脚型规律中脚长 250mm 时，平均头厚为 21mm，鞋楦的头厚则不能小于 20mm。另外，合成革鞋楦的头厚应比素头皮鞋鞋楦厚 2mm，以免出楦后鞋帮下塌。

2. 三节头式皮鞋楦体设计

三节头的帮面由前、中、后三节构成，其经典的款式造型在男鞋中历久不衰。它各部位尺寸与楦体造型可与素头皮鞋相同，但放余量要长于素头鞋楦 5mm，超长式的放余量可达 30mm。

3. 舌式皮鞋楦体设计

舌式皮鞋又称套式、睡装式鞋，其特点是无鞋带，穿脱方便。鞋楦底样与素头楦相同或长出 5mm；跖趾至跗骨部位的肉体安排须比素头鞋楦饱满些，以免压脚或穿脱费劲。为了使鞋跟脚，舌式皮鞋的楦应比同号型素头楦小半个型，即基宽减少 1.3mm，跖趾围长减少 3.5mm；统口两侧的肉体安排应较素头楦小，但踵心部位的肉体安排和后跟弧线的曲线则应略大于素头楦。

4. 浅口式鞋楦

浅口鞋又称圆口鞋、船鞋，其线条优美、便于穿脱，是最常见的女鞋品种。由于浅口鞋鞋帮较浅，脚背大部分裸露在外，故与同号型女素头鞋楦相比，底样长要小 2mm，跖趾围长和基宽小半个型。

浅口式鞋楦随着跟高的增加，前跷降低，跗围减少，跖围加大，鞋楦体后身肉头逐渐下靠，统口和腰窝逐渐收紧，底心凹度加大，前掌凸度减少，以增加前掌受力面积，缓解前掌受力过于集中的情况。

5. 皮凉鞋楦体设计

全空的男皮凉鞋底样长只比脚长大 5mm，女全空凉鞋要比脚长大 7mm。底样的里腰窝曲线弧度要小些，外腰窝宽度适当加大。这是因为凉鞋里、外腰窝处没有帮面托住，这部位的肉体会向外膨胀。在造型上，第一跖趾和第五跖趾关节后方的肉头安排要十分饱满，头式较低，后身肉头要少。

一双鞋设计的成败，鞋楦起着至关重要的作用。相同的款式，在不同的楦型上能反映出不同的风格、品位及档次。其实，就鞋楦而言，变化最大的是第一跖趾靠前的楦头部位。同一品种、同一款式的鞋楦，头厚、薄、宽、窄及头方、圆、扁、尖等均可随意变化，但后身则基本无变化。我们在掌握了楦的基本构成后，主要是摸准头部造型变化的脉搏，从而设计出理想的鞋楦。

第三节　外销鞋楦的设计

我国是世界第一鞋类出口大国，每年外销鞋产量 20 多亿双，面对大量的外单，许多厂家因缺乏相应的外销鞋尺度基本知识，对外销鞋楦数据更是知之甚少，所以往往会出现许多问题。故此，专门设此节着重讲述外销鞋楦设计的相关知识。

外销鞋厂的鞋楦仿制一般分为两种情况，其中一种是从贸易公司或者外商手中直接拿来样楦，以此样楦进行仿制设计。第二种情况是从贸易公司或者外商处只拿来样鞋，仿制者利用中底板、鞋垫或外底进行仿制。下面我们各自讲述一下两种方法。

一、来楦仿制技术

有样楦的仿制技术：楦底样仿制。楦底样仿制是指直接在外商提供的样楦底板上粘贴胶带纸或贴楦纸，将其底样拓下来，再进行修正即可。仿制鞋楦男楦号码一般采用美码 8 号或法码 42 号；女楦号码一般采用 6 号或 37 号。

（1）先确定楦底样前后端点 A、B，用胶带纸沿纵向从楦底前端 A 点贴至后端 B 点。如图 8－7（a）所示。

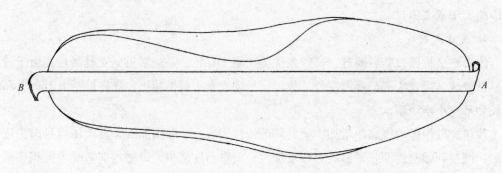

图 8－7（a）　确定楦底样前后点

（2）粘贴胶带纸从 A 点至 B 点沿横向，横向粘贴胶带时注意上下胶带之间压合要紧密，胶带长度要比实际楦底样大出 3~5 毫米。楦底样贴好后，用铅笔沿楦底边缘线描出楦底样轮廓，如图 8－7（b）所示。

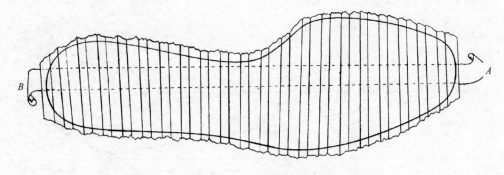

图 8－7（b）　描出楦底样轮廓

（3）将描完轮廓的楦底样轮廓揭下，然后将其粘贴于一张样板纸上压平，再用裁纸刀或剪刀沿铅笔痕迹裁下即可。修整裁下的楦底样板，直到与实际楦底样完全一致为止，如图 8－7（c）所示。

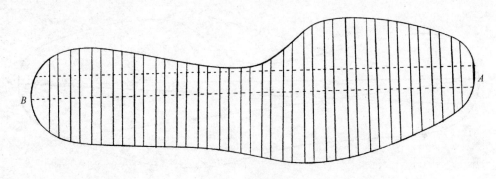

图 8－7（c）　得到楦底最终样板

2. 设定楦底样跖围点

修整完楦底盘之后，就要着手设定跖围标志点，其操作方法如下：

（1）将修整完的楦底样在其长度上设定四等分，如图 8－8（a）所示。

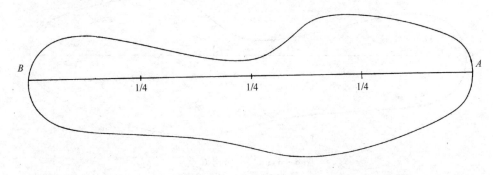

图 8－8（a）　将楦底样四等分

（2）将楦底样靠近 B 点的后身部位 1/4 处内外对齐进行对折，确定 BE 线，即分踵线，如图8-8（b）所示。

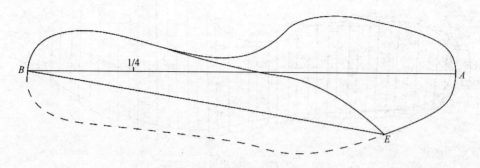

图8-8（b）　做出分踵线 BE

（3）将楦底样前楦头部位靠近 A 的点1/4处内外对齐进行对折，确定 AF 线，如图8-8（c）所示。

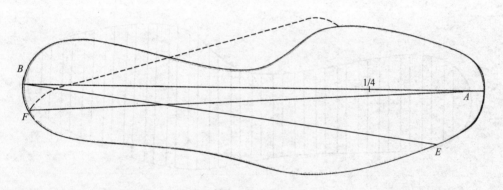

图8-8（c）　确定 AF 线

（4）设定楦底样前尖的 A 点与后跟 B 点连线 AB 为楦底中轴线，由 B 点向 A 点方向取楦底样长度的5%，定为 C 点，如图8-8（d）所示。

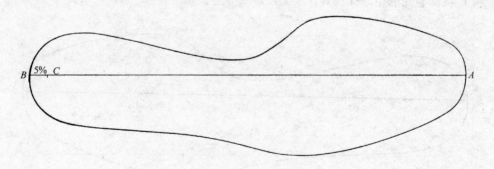

图8-8（d）　做出 C 点

（5）过 C 点画与 AB 线垂直的线，与 BE 相交于 C′点，连接 AC′（虚线）点并延长至 D 点。AD 即为标准的楦底中轴线，如图8-8（e）所示。

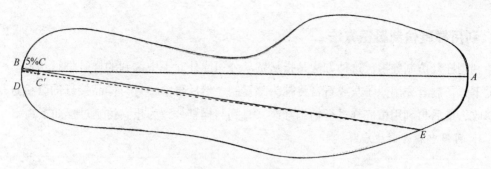

图 8-8（e）　确定楦底中轴线

（6）将中轴线确定好的楦底样 D 点改为 B 点。在中轴线由 B 点到 A 点的方向上，取楦底样长的 2/3 确定 O 点，过 O 点画与 AB 线垂直的线 CD。沿分踵线由 B 点到 A 点方向量取楦底样长的 1/6 长度，确定 P 点，过 P 点作直线 MN 垂直于 BE，如图 8-8（f）所示。

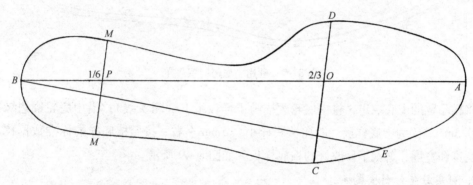

图 8-8（f）　做线段 CD 和 MN

（7）根据画好的楦底样设定跖围和跖围宽度。例如，法码 37 号，跖围为 $8\frac{1}{8}$ 英寸（206.37mm），楦底跖围线宽度为 82mm。楦底样长为 245.6mm 或 243.6mm，脚长 231.6mm。

沿中轴线 AB 由 B 点到 A 点方向量取楦底样长的 63% 定 C 点，过 C 点作与 BA 线呈 74°角的直线，分别交于楦底样的 C_1 和 C_2 点，C_1、C_2 点即是跖趾关节点。修整 C_1C_2 的长度为 82mm（注：此法为欧美画法），如图 8-8（g）所示。

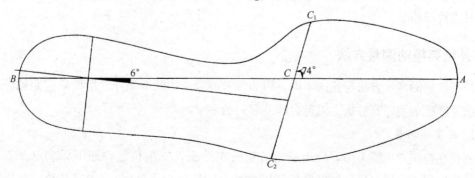

图 8-8（g）　设定跖围和跖围宽度

二、利用样鞋仿制鞋楦方法

利用样鞋仿制鞋楦。这种方法是指从贸易公司或外商手中拿到的样鞋进行仿制。一般情况下，仿制者先用原子灰或石膏将鞋头部复制，然后再拿一只与样品接近的鞋楦进行大致修改，最后再利用楦底样进行精细修改，直到与样鞋一致为止。仿制过程如下：

1. 利用中底仿制楦底样

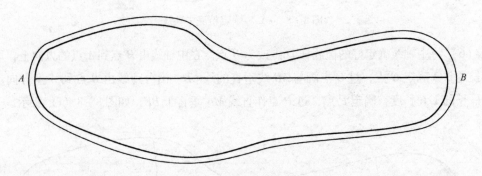

图 8-9　利用中底仿制楦底样

将样品鞋的中底取出，将中底轮廓描画于样板纸上（粗实线）；沿中底轮廓边缘等距放出 0.5mm，因为中底样板一般比楦底样小 0.5mm 左右；按照楦底样的标准数据校正楦底样长度和宽度，剪裁下修改好的楦底样板。如图 8-9 所示。

2. 利用鞋垫仿制楦底样

将样品鞋的鞋垫取出，将鞋垫轮廓描画于样板纸上。要注意的是，鞋垫尺寸一般与中底相同，只是在腰窝内怀处比楦底样大 1~5mm，有些鞋垫的长度比楦底样要短 2~2.5mm，按照楦底样的标准数据校正楦底样长度和宽度，然后剪裁下修改好的楦底样板。

3. 利用鞋底仿制楦底样

用胶带纸直接粘贴鞋底着地面，操作方法与贴楦底样的方法相同，用铅笔将贴好的鞋底轮廓描画下来；将胶带纸取下贴于样板纸上，沿铅笔描痕取出鞋底样板；根据鞋底沿条的宽度减去适当的放量（根据男女不同款式的鞋款实际宽度而定）；再按照楦底样的标准数据，校正楦底样长度和宽度；剪裁下修改好的楦底样板；将修改好的楦底样放入鞋腔内与中底进行对照。

三、外销鞋楦的测量方法

外销鞋楦的测量方法与我国不同。因为两者的鞋号体系不一样，所以要遵照国外的测量方法才能准确测定其数据，以符合国外客户的要求。

1. 跖围的测量

首先在鞋楦背中线上用软尺由前向后量楦底样长 25% 的位置作跖围标志点（不同的鞋头厚度数据不一样，这里数据取的是标准楦底样长的素头鞋楦），也可从统口后端点往前取标准楦底样长的70%，然后在鞋楦内外侧标出测量点，此两点一般从楦底样上寻找，也可用专门的仪器测量得到。之后将此三点用软尺旋转一圈测量读数即可，如图8-10，图8-11所示。

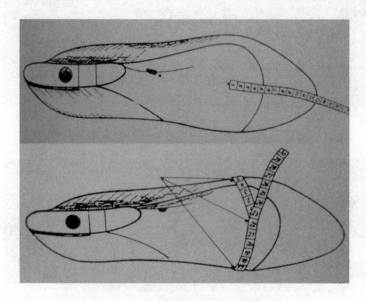

图8-10 跖围测量示意图

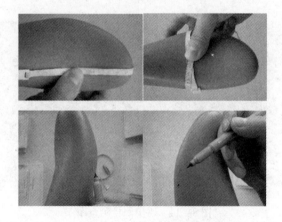

图8-11 跖围测量的实际操作

2. **腰围的测量**

腰围是外销鞋楦必测的一个数据，中国鞋号没有这个数据。欧美鞋楦最初也没有这个数据，后来西方的脚型测量方法修改后增加了这个数据，该数据一般位于背中线上跖围点和跗围点的1/2处，如图8-12、图8-13所示。

3. **跗围的测量**

外销鞋楦跗围的位置与中国鞋楦跗围的位置并不重合。量取时由后向前取标准楦底样长的50%（女鞋楦随跟高的变化有所不同），也可从背中线跖围点向后量取固定数值取得该点（美码8号鞋楦该数值为63mm），如图8-14、图8-15所示。

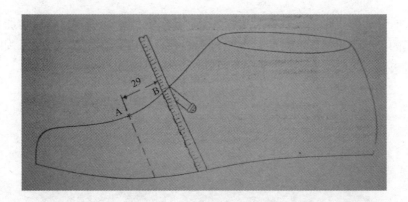

图 8-12 腰围测量示意图

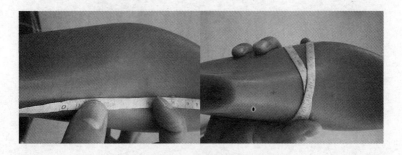

图 8-13 腰围测量的实际操作

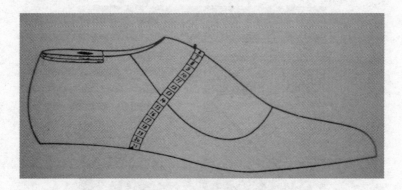

图 8-14 跗围测量示意图

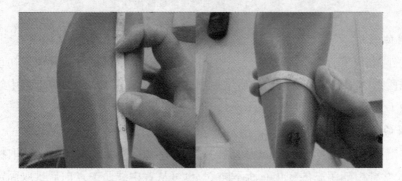

图 8-15 跗围测量的实际操作

4. 其他部位

外销鞋楦其他部位点的测量方法与内销鞋楦差别不大，只是楦底中轴线弧度和鞋楦肉体安排较为灵活。

第四节　鞋楦制作工艺

本节主要讲述标样楦的制作过程。用于大批量生产前的标样楦多用木楦，现在多改为塑料楦。下面分别讲一下木楦和塑料楦的制作过程。

一、木楦的制作

1. 木楦制作专用工具

板斧、粗刨、细刨、木锉、砂纸、布带尺、木马，如图 8-16 所示。

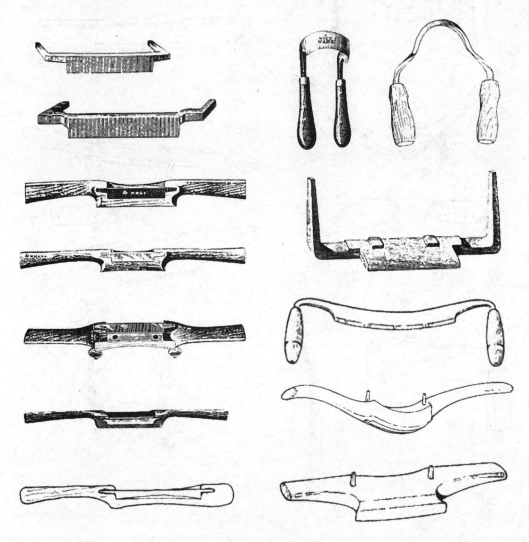

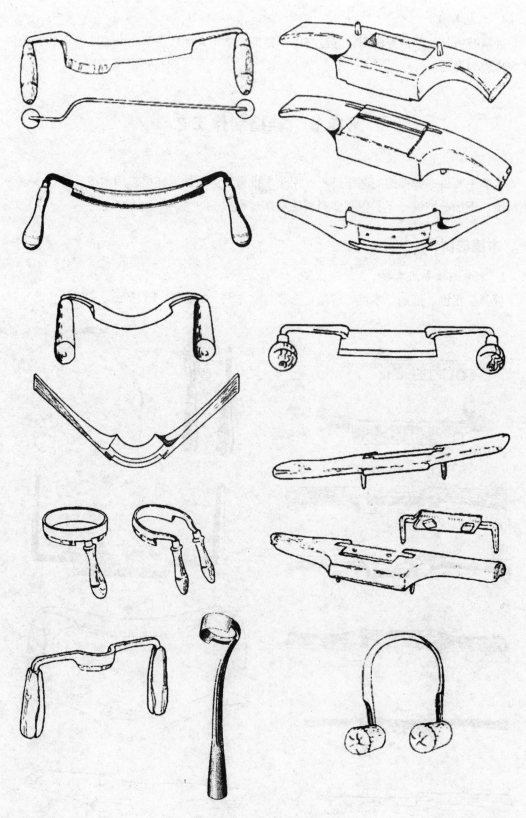

图 8 – 16　木楦制作专用工具

2. 制作步骤：

（1）先用板斧砍出楦体大概形状。

（2）砍出楦体大致的前后跷度、前掌凸度、底心凹度。注意留出一定的精刮余量，不可一次到位。

（3）比照楦底样进一步校正楦体中轴线，砍出楦体后弧线，后弧线也要留出一定修正余量，不可一次到位。

（4）比照楦体侧面样板砍出楦尖和跗背部大致曲线，此处也要注意留出一定的修改余量。

（5）比照楦底样板将楦体的内外腰窝形状砍出，其间注意留出余量。

（6）将大致砍出的楦体初步轮廓由楦体的后跟部位开始进行粗刨。

（7）将周身粗刨完的楦体再用细刨进行精刨。其间要用整体的眼光仔细调整整个楦体各部位的尺寸，直到基本符合标准为止。

（8）检查楦体的各部位尺度，依次为：楦底盘、前后跷度、总前跷、前掌凸度、底心凹度、踵心凸度、三点一线、四点平（男楦）、跖围、跗围、兜跟围等。

（9）将楦体调整准确后，先用粗砂纸打磨，之后再用细砂纸进行打磨。如果想进一步出效果，就用电动砂轮机用布轮进一步出光，最后涂以清漆晾干即可。

二、塑料楦的制作

塑料标样楦的制作多采用头部移接法，即只变动楦的头部而后跟保留。专用工具包括电烙铁、钢锉、布带尺、工作台等。塑料楦的楦坯原料采用高压聚乙烯和中压聚乙烯混合而成，它同时具有高压聚乙烯的耐撞击性和中压聚乙烯的高韧性，性能比较优越。

首先，用注塑机在 190～200℃ 的高温下射出鞋楦的成坯，再将其放入 50～60℃ 的水中自然冷却，然后再用粗刻机进行粗刻。粗刻完毕后即可将楦坯从机器中取出进入标样楦制作阶段。

塑料标样楦的制作流程与木制标样楦基本相同，数据与木楦一致。

三、使用数字化辅助设计与加工系统进行鞋楦设计和加工

EasyLast3D CAD/CAM 鞋楦数字化辅助设计与加工系统主要是为鞋楦的设计与制作设计的，它为鞋楦人员提供了一系列的程序和工具，使设计鞋楦的工作变得更加简单和准确，可以大量减少整个过程的工作时间。因为在此以前所有工作都是手工操作，如图 8－17 所示。

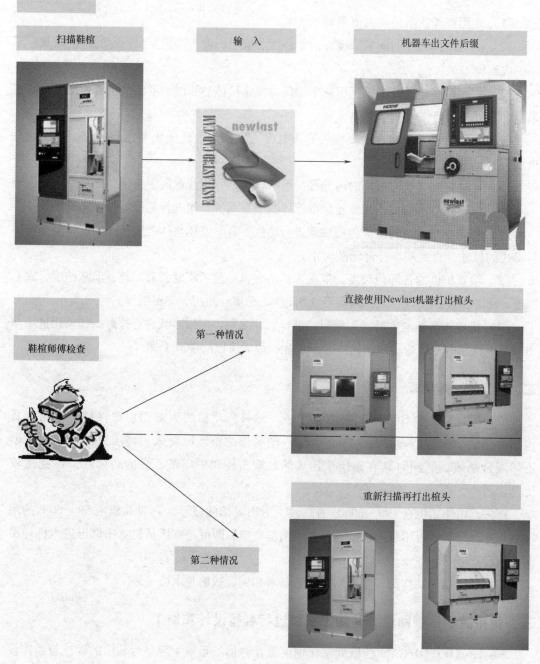

扫描鞋楦　　　　　　　输　入　　　　　　　机器车出文件后缀

鞋楦师傅检查　　　　　第一种情况　　　　　直接使用Newlast机器打出楦头

　　　　　　　　　　　第二种情况　　　　　重新扫描再出楦头

图 8 - 17　数字化辅助设计与加工系统

四、鞋楦制作举例

　　鞋楦制作前先要将设计好的楦底样、制作工具和楦坯准备妥当，如图 8 - 18 ~ 图 8 - 20 所示。

图 8 - 18　木楦用楦坯和楦底样

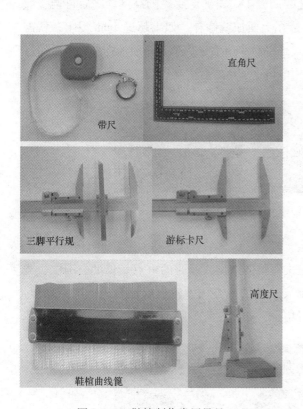

图 8 - 19　鞋楦制作常用量具

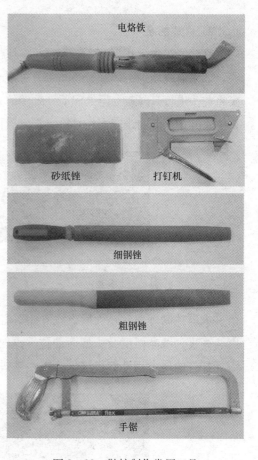

图 8 - 20　鞋楦制作常用工具

五、标样楦的制作步骤

1. 确定楦底盘

制作鞋楦要先从楦底盘设计开始，遵循由下至上，由后向前的次序。我们以当前企业常用的设计方法为例，先找一个形体接近的塑料楦坯，其跟高、跷度、头型都大体接近，尺寸要比实际制作尺寸大出 2 个号码左右。之后将设计好的楦底样贴在楦坯底上进行比对，并画出轮廓线，标出第一、第五跖趾点、前后端点等关键设计控制点，如图 8 - 21 所示。

图 8 - 21　确定楦底盘

（依次划出原始轮廓，并作出标志点）

2. 调整跷度

在将底盘大致比对好后，就要进行跷度的调整了。先确定后跷的高度，之后再调整前跷，如果前跷差别不大（3~5mm），可以直接在上面加减修补，如果超过5mm以上，就需要将前头进行升降跷专门处理了。处理的方式是将前头用手锯从第五跖趾处锯掉，然后用打钉机将其按预想的跷度再临时接上，之后再用电烙铁加热之后将其焊接，如图 8 - 22 所示。

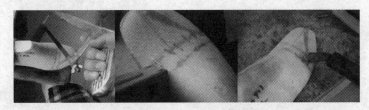

图 8 - 22　楦体跷度的调整

3. 整体修型

大体控制好前后跷度后，就开始对鞋楦进行整体修型。修改的重点是长度、围度、宽度、高度、线条弧度及头型等部位。这时需要去掉的地方用砂轮机或锉刀进行削肉处理，需要加补的地方用补楦机再配合电烙铁进行增补，如图 8 - 23 所示。

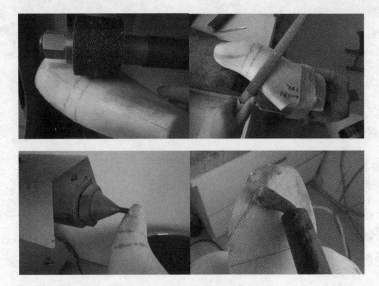

图 8 - 23　鞋楦的修补造型调整

4. 细部修型调整

在整体修型过程中要不断地调整跷度、围度、前掌凸度、踵心凸度、底心凹度、"四点平"、楦体端正等局部造型，但要始终注意与整体协调。为了保证造型精准，在最后阶段还要用细锉或砂布进行精细修型，如图 8 - 24 ~ 图 8 - 29 所示。

图 8 - 24 用砂布进行精细修改

图 8 - 25 前后跷度校正与调整

图 8 - 26 中轴线及楦体端正度校正与调整

图 8 - 27 "四点平"校正与调整及楦斜长校正与调整

图 8 - 28　前掌和踵心凸度校正与调整

图 8 - 29　底心凹度校正与调整和围度校正与调整

5. 标样楦的完成与检验

完成细部修正后标样楦即进入制作收尾阶段。收尾阶段要确保所有数据符合指标要求，楦面要求光滑洁净，然后在楦面上打上标记及编号，并采用针式弧度卡尺检验楦面平滑流畅程度，如图 8 - 30 所示。也可将鞋楦进一步抛光打蜡后放在灯光下看其"高光"来检查楦面的流畅度。

图 8 - 30　用针式卡尺检验楦面流畅度

复习题

1. 如何确定楦底盘特征部位长度向系数？

2. 如何确定楦底盘各特征部位的宽度？

3. 为什么说楦底样长度应大于脚长？

4. 设计鞋楦底样长度时，如何确定放余量？

5. 鞋楦底样宽度如何设计?

6. 试述鞋楦底样设计步骤。

7. 简述脚跖围与楦跖围的关系。

8. 试述鞋楦前跷与后跟的关系。

9. 如何设计鞋楦的足弓曲线和后跟弧线?

10. 画图作鞋楦跷度线。

11. 如何仿制外销鞋楦?

12. 简述标样楦的制作步骤。

第九章

鞋楦的标准检验及后身统一

第九章 鞋楦的标准检验及后身统一

由于鞋楦的形状、曲面比较复杂，对全部尺寸和外形进行检验是很困难的。所谓鞋楦的检验，其实只是对楦身各特征部位尺寸进行测量和验证，至于其他的尺寸和形状，现在大多只能凭经验来鉴别，但随着科技的发展，鞋楦设计的数字化、模板化和计算机化的实现，一切都将迎刃而解。

本章主要介绍标准 GB/T3294—1998《鞋楦尺寸检验方法》，不仅适合新设计出的标样鞋楦，对批量生产的鞋楦也同样适用。

第一节 鞋楦的标准检验

一、测量工具和量具

用于鞋楦检验的工具、量具有规格在 300mm 以上、分度为 0.02mm 的游标卡尺；规格在 300mm 以上、分度为 0.02mm 的高度游标卡尺；规格在 300mm 以上、分度为 0.1mm 的三角平行规；分度为 1mm 的钢直尺；具有 3 级精度的宽座直角尺；规格在 50cm、分度为 1mm 的鞋用带尺等。

二、鞋楦尺寸的检验

在检验时，左右脚鞋楦须对称测量，鞋楦尺寸测量示意图如图 9 – 1 所示。

1. 鞋楦底盘的检验

用楦底样贴服楦底，检查楦底部曲线是否与楦底样相符合，如相符，则根据楦底样上的部位点在楦底部标出楦底中轴线的前端点、脚趾端点、第一和第五跖趾部位点、腰窝部位点、踵心部位点、踵心部位宽度里外点、楦底轴线后端点等。

2. 鞋楦长度的检验

包括楦底样长 L_2、楦底长 L_3、楦全长 L_4 和楦斜长 L_1 四个部位的检验，如图 9 – 2 所示。

（1）楦底样长的检测，用带尺紧贴楦底面，测量楦底前、后端点弧度曲线长度。在楦底轴线与楦底样轴线完全重合的情况下，检查楦底前、后端点是否与楦底样的前、后端点重合。如重合，说明楦底曲线走向符合设计要求，如图9-2中L_2。

（2）楦底长的检测，将楦底朝上，用游标卡尺测量楦底前端点至后端点的直线距离，即为楦底长，如图9-2中L_3。

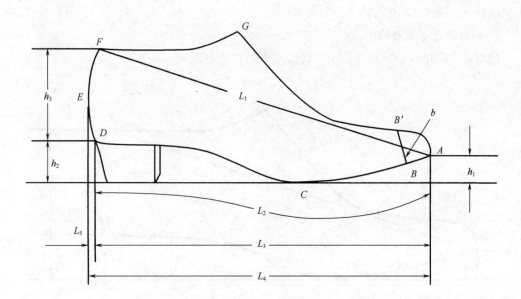

图9-1　鞋楦尺寸测量示意图

L_1—楦斜长　L_2—楦底样长　L_3—楦底长　L_4—楦全长

h_1—前跷高　h_2—后跟高　h_3—后身高　b—头厚

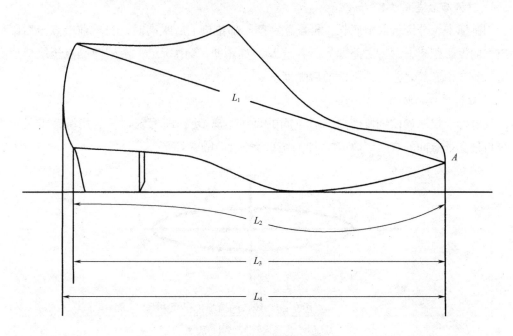

图9-2　鞋楦长度的检验

L_1—楦斜长　L_2—楦底样长　L_3—楦底长　L_4—楦全长

（3）楦全长的检测，将楦平放在游标卡尺上，由楦前端点测量至后跟突点的直线距离，即为楦全长，如图9-2中L_4。

（4）楦斜长的检测，将楦平放在游标卡尺上，由楦前端点至统口后点的直线距离，即为楦斜长，如图9-2中L_1。

3. 鞋楦后身高度的检验

用游标卡尺由统口后点测量至楦底后端点的直线距离h_3，如图9-3所示。

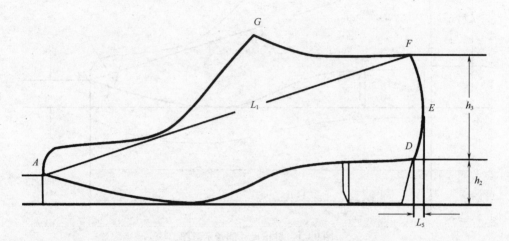

图9-3　鞋楦后身高度的检验

h_3—后身高　h_5—后容差

4. 鞋楦后容差的检验

用游标卡尺分别量取楦底长，再量取在踵心部位垫上后跟高时，自楦前端点至后跟最突出点的投影距离，两者之差即为后容差L_5，如图9-3中所示。用楦前端点至统口后点的楦斜长与楦底长之差可控制楦的后弧度。

5. 鞋楦统口的检验

用游标卡尺测量楦统口前点与后点间的直线距离GF，即为统口长；用游标卡尺测量楦统口最宽处点间的直线距离IH，即为统口宽，如图9-4所示。

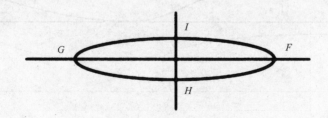

图9-4　统口的检验

GF—统口长　IH—统口宽

6. 鞋楦围长的检验

鞋楦围长包括跖趾关节围长、前跗骨围长、兜跟围长、脚腕围长、腿肚围长和统口围长等。

测量时先在楦体上标出有关测量点，然后用带尺测量。测量时，左手拿楦（楦的头部向外），右手将带尺的前边对准楦体的测量点，从右向左围绕一周，带尺两头同边交合处的刻度即为所测的围长，如图9-5所示。

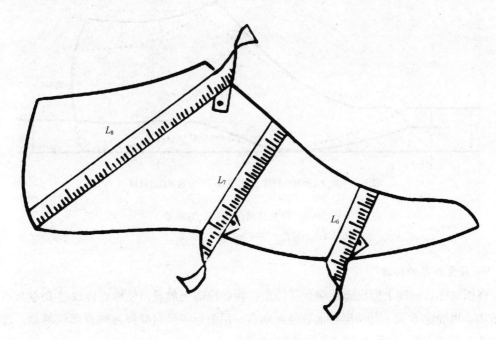

图9-5　鞋楦围长的检验

L_6—测量跖围　L_7—测量跗围　L_8—测量兜跟围

7. 鞋楦底宽度的检验

（1）拇趾里宽、小趾外宽的检测，用带尺紧贴楦底面，测量鞋楦拇趾外突点、小趾外突点到楦底样轴线的垂直距离。

（2）第一跖趾里宽的检测，用带尺紧贴楦底面，测量通过第一跖趾部位点的楦底样轴线的垂线在楦底里段的宽度。

（3）第五跖趾外宽的检测，用带尺紧贴楦底面，测量通过第五跖趾部位点的楦底样轴线的垂线在楦底外段的宽度。

（4）基本宽度的检测，第一跖趾里宽与第五跖趾外宽相加，即为基本宽度。

（5）踵心全宽的检测，用带尺紧贴楦底面，测量踵心部位与分踵线垂直的楦底宽度。

（6）鞋楦宽的检测，以游标卡尺测量楦前身内侧最突点与外侧最突点之间的距离。

8. 鞋楦跷度的检验

鞋楦跷度的检验包括总前跷和前跷两个尺寸，如图9-6所示。

（1）总前跷，在不垫跟的情况下，将楦底朝下放在水平面上，楦底前端点距水平面的直线距离即为总前跷。测量时，将前跷测量器与楦的前端点接触，并不断转动测量器，直到其某一阶梯与楦的前端点完全对准，即可从测量器上得到楦的总前跷（图上虚线）。也可用游标卡尺测量。

（2）前跷，即垫了后跟以后的楦前跷。由于各种鞋的后跟高度不一，因此在测量时，应先在楦的踵心部位垫上该品种的后跟。其测量方法与总前跷相同，如图9-6中的实线。

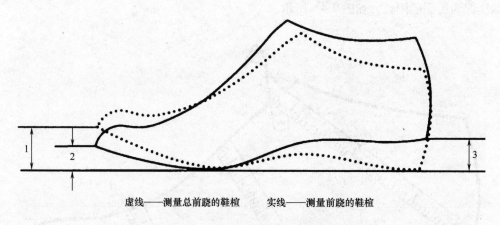

虚线——测量总前跷的鞋楦　　　实线——测量前跷的鞋楦

图9-6　鞋楦总前跷与前跷的测量

1—总前跷　2—前跷　3—后跟高

9. 鞋楦头厚的检验

在楦底样长标线上标出脚趾端点部位点，将鞋楦适当放置，使楦底样通过 B 点与水平面相切，再确定 B' 点，使 BB' 与水平台面垂直。用游标卡尺对准脚趾端点部位测量，即得楦的前头厚度 BB'，如图9-7所示。

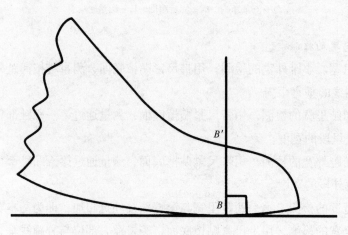

图9-7　头厚的检验

BB'—头厚

10. 鞋楦端正的检验

楦体端正，包括楦底"四点平"和楦身"三点一线"两部分。

所谓楦底"四点平"，即楦底里外跖趾和里外踵心四个点要在同一水平面上，这是因为，人站立时脚的里外跖趾关节和里外踵心四个部位点都与地面接触，所以鞋楦也必须与之相适应，以保持楦体的端正。

楦底"四点平"测量时，将楦底部朝上，用橡皮泥等将楦型固定在平台上，用划盘针先调节踵心里、外点与第一（或第五）跖趾外缘点，使这三点处于同一水平高度，然后再用划盘针检查第五（或第一）跖趾外缘点，看是否处于同一高度，如果四点都处于同一高度，即为楦底"四点平"，如图9-8所示。

图9-8　鞋楦底"四点平"的检验

所谓"三点一线"，即楦底的前、后端点和统口后点连成一线。这是因为，人在站立时脚后跟轴线垂直于地面，所以鞋楦也必须与之适应，才能保持楦体的端正。

检验方法是在测完"四点平"后，不移楦型，用宽座直角尺垂直边对准楦底后端点，测量统口后点与尺子垂直的距离，如图9-9所示。

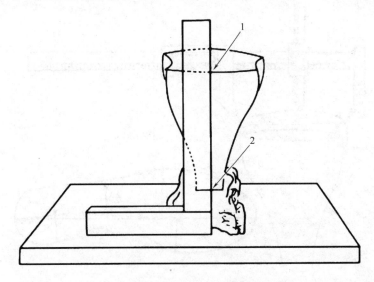

图9-9　统口后端点的检验

1—楦底后端点　2—统口后点

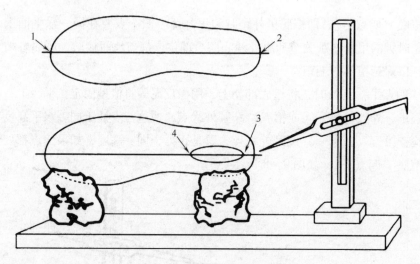

图 9 - 10　统口前端点的检验

1—楦底前端点　2—楦底后端点　3—统口后点　4—统口前点

再将鞋楦侧放在平台上，用橡皮泥等固定，通过调节使楦底前端点、后端点和统口后端点处于同一平面上，再用高度游标卡尺测量统口前点相对于该平面的偏差，如图 9 - 10 所示。

如果在"四点平"的基础上又能"三点一线"，而且该线与楦统口两边的距离又基本相等，则楦体是端正的。

11. **鞋楦底凸凹度的检验**

楦底凸凹度的检验包括楦前掌凸度点、踵心凸度点和底心凹度点三个部分，其检验方法如图 9 - 11 所示。

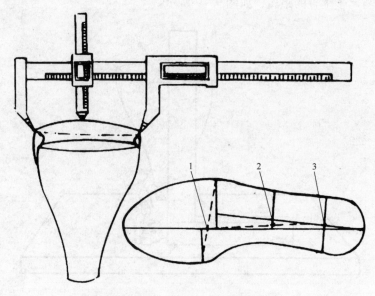

图 9 - 11　楦底凹凸度的检测

1—前掌凸度点　2—底心凹度点　3—踵心凸度点

（1）检验前掌凸度点，测量"四点平"后，保持鞋楦不动，用三角平行规测量前掌凸度点 1 相对于基准线凸起的高度值。

（2）检验踵心凸度点，以楦踵心里点与踵心外点的连线为基准线，用三角平行规测量踵心凸度点 3 相对于基准线凸起的高度值。

（3）检验底心凹度点，以前掌凸度点和踵心凸度点两点连线为基准线，用三角平行规测量底心凹度点 2（腰窝部位点）相对于基准线凹下的数值。

第二节 鞋楦的后身统一

鞋采用部件生产实现标准化、装配化、商品化及鞋类生产工艺实现装配化是我国鞋业发展的必由之路。但要实现装配化，首先要实现鞋楦的标准化。鞋楦的标准化不仅仅是鞋楦长度、围度、宽度及其几个主要特征部位尺寸的标准化，还需要鞋楦肉体安排尽可能一致，也就是所谓鞋楦的后身统一。如制鞋王国意大利，鞋类生产有着数百年的历史，但直到 20 世纪 70 年代中期才实现了鞋类生产的标准化、专业化及装配化，鞋用部件和成鞋质量发生了质的提高，其鞋业才真正得以腾飞。目前，英、法等鞋业强国也同样实现了鞋类生产的标准化、专业化及装配化。在我国，长期以来鞋类以"小而全"、"大而全"的作坊式生产为主，鞋部件的生产，如鞋楦、鞋跟、半托底、主跟等没有统一的标准，导致许多鞋的产品质量低劣。即使一些大型鞋企业引进了先进设备，也由于没有标准化、系列化的高质量鞋用部件的配套，同样造成生产效率低，产品质量差，不能充分发挥机械化高质量、高效率、高效益的优越性，使我国鞋类生产在国际市场上仍处于低价位产品。

鞋楦标准化及后身统一，将促进我国实现鞋类生产的标准化、装配化，提高生产率和产品质量，减少原材料的浪费，提升鞋业的总体技术水平，增加鞋类制品在国际市场的竞争力，满足国内外市场的需求，因而具有重要意义。

一、鞋楦后身统一的可能性

鞋楦后身统一的研究，是鞋类装配化生产的基础。鞋的款式千变万化，其变化最大的部分是头部。同一类型的鞋，虽然款式不同，每个品种的楦体后部尺寸也有所差别，但差别不是很大，这就提供了后身统一的可能性。

20 世纪 70 年代，意大利等国就开始了鞋楦后身统一的研究使用。1975 年法国国家皮革技术中心，利用十年时间统计了五千余名法国男性脚型数据并经过试穿，推广了鞋楦标准后身，如图 9 - 12 所示。

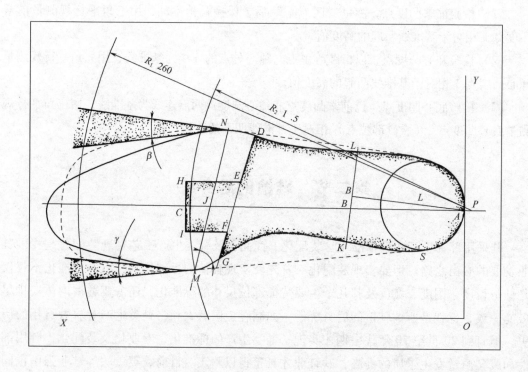

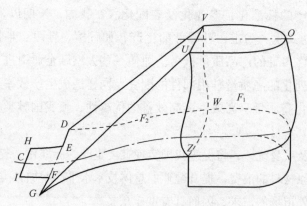

图9-12 法国NFG60体系的标准后身

（图片来源：法国国家鞋楦技术标准档案资料）

二、鞋楦后身统一的原则

从实际情况看，鞋变化最大的是头部，即第一跖趾关节部位靠前的楦头部分。而在第一跖趾之后则变化很小。通过研究，在楦底轴线上取第一、五跖趾关节连线与之相交点之后为统一部位，如图9-13所示，图中CD线之后即为后身统一部分。

后身统一是有原则的，首先要考虑的是鞋的品种变化，尔后还要考虑跟高的变化，所谓"万能后身是不行的"，下面我们就来讨论这两种情况。

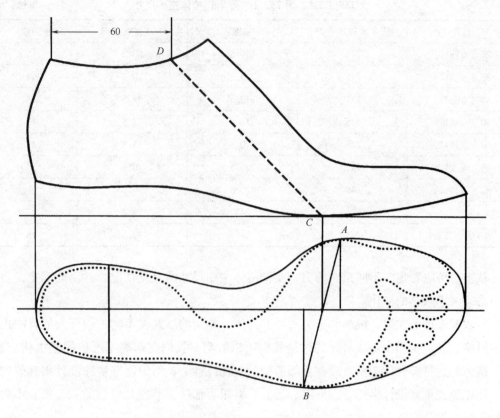

图 9 – 13　鞋楦后身统一部位

1. 鞋的品种变化与楦体后身安排

由于制鞋的材料不同，如皮、胶、布、塑等，其收缩变形亦有差别，楦体肉头的安排也不同。如皮鞋楦的楦型尺寸和肉体安排要考虑到皮革的收缩率和变形率较小，还要顾及加装主跟、勾心等部件的余量；布鞋楦则要考虑布料比较柔软，收缩率大，楦跖围应设计得小一些，又因为布鞋没有加装包头、主跟和勾心，它的底心凹度、放余量、后容差均应设计得小一些。那么同是皮鞋，是不是后身就可以相同？回答是否定的。如女浅口皮鞋与女素头皮鞋相比，浅口鞋脚面大多露在外面，又无鞋带，为了使鞋跟脚，只能用腰身和后帮来包住脚，故要求楦的腰身上收，后跟肉头下靠，楦台部位收缩。所以，后身统一要考虑品种和款式的变化。

2. 鞋的跟高变化与楦体后身安排

由于鞋的跟高不同，脚的受力情况不同，楦体的肉头安排就不相同。鞋跟增高，楦体后身逐步下靠，统口和腰窝渐渐收缩，后容差变小，楦身弯曲角加大，底心变平，着地面积大，前跷度小，跖围加大，宽度相对缩小。故后身统一要考虑跟高的变化，下表为女235 号（二型）、男 255 号（二型半）鞋跟的变化与鞋楦体主要尺寸的关系。

女235（二）、男255（二型半）楦体主要尺寸   单位：mm

跟高	底样长	跗围	基宽	前跷
20（女浅口）	245	216.5	80.2	15
30（女浅口）	245	216.5	80.2	14
40（女浅口）	245	218.5	77.5	13
50（女浅口）	245	218.5	77.5	12
60（女浅口）	245	220.5	76.3	11
70（女浅口）	245	220.5	76.3	10
80（女浅口）	245	220.5	76.3	9
25（男三节头）	275	243	89.3	17
30（男三节头）	275	243	89.3	16

从上表可以看出，不同跟高的男、女鞋楦体主要尺寸的变化情况，并由此确定，后身统一必须考虑跟高的变化。

一双鞋设计的成败，楦起着至关重要的作用。相同的款式在不同的楦型上能反映出不同的风格、品位及档次。从前面的讨论我们可以看到，我们在掌握了鞋楦的基本构成后，保留楦体的后身部分，把精力放在头部造型的变化设计上，不但能够快速设计出理想的鞋楦，还能免去重复设计半托底、外底、勾心、鞋跟等部件，节省开模具的资金等，不失为一种很好的设计方法。

复习题

1. 鞋楦底盘是怎么检验的？
2. 简述鞋楦底宽度的检验方法。
3. 试述鞋楦围长的检验方法。
4. 用一只实物楦，说说鞋楦跷度的检验方法。
5. 鞋楦底凸凹度是怎么检验的？
6. 鞋楦后身统一对制鞋业有什么意义？
7. 鞋楦的检验有哪几部分？
8. 鞋楦后身统一有什么益处？
9. 鞋楦后身统一的原则是什么？

第十章

常用鞋楦设计实例

第十章　常用鞋楦设计实例

鞋楦数据部分参照 GB3293—2007《中国鞋号及鞋楦尺寸系列》。

本章给出了大量的设计参考数据，其中设计实例部分的楦底样及楦断面设计图采用 1:1 的比例，鞋楦设计者可直接拓取使用。

第一节　女鞋

一、常用鞋楦设计参考数据及底样图实例

1. 女素头鞋

女 235 号（一型半）跟高 20mm 素头鞋楦设计参考数据及底样图实例，如表 10-1 所示。

女 235 号（一型半）跟高 30mm 素头鞋楦设计参考数据及底样图实例，如表 10-2 所示。

女 235 号（一型半）跟高 40mm 素头鞋楦设计参考数据及底样图实例，如表 10-3 所示。

女 235 号（一型半）跟高 50mm 素头鞋楦设计参考数据及底样图实例，如表 10-4 所示。

女 235 号（一型半）跟高 60mm 素头鞋楦设计参考数据及底样图实例，如表 10-5 所示。

女 235 号（一型半）跟高 70mm 素头鞋楦设计参考数据及底样图实例，如表 10-6 所示。

女 235 号（一型半）跟高 80mm 素头鞋楦设计参考数据及底样图实例，如表 10-7 所示。

2. 女浅口鞋

女 235 号（一型半）跟高 20mm、30mm 浅口鞋楦设计参考数据，如表 10-8 所示。

女 235 号（一型半）跟高 40mm、50mm 浅口鞋楦设计参考数据，如表 10-9 所示。

女 235 号（一型半）跟高 60mm、70mm 浅口鞋楦设计参考数据，如表 10-10 所示。

女 235 号（一型半）跟高 80mm 浅口楦设计参考数据，如表 10 – 11 所示。

3. 女超长舌式鞋

女 235 号（一型半）跟高 70mm 超长舌式楦设计参考数据，如表 10 – 11 所示。

女 235 号（一型半）跟高 30mm、50mm 超长舌式鞋楦设计参考数据，如表 10 – 12 所示。

4. 女高腰鞋

女 235 号（一型半）跟高 20mm、40mm 高腰鞋楦设计参考数据，如表 10 – 13 所示。

女 235 号（一型半）跟高 60mm 高腰鞋楦设计参考数据，如表 10 – 14 所示。

5. 女全空凉鞋

女 235 号（一型半）跟高 80mm 全空凉鞋楦设计参考数据，如表 10 – 14 所示。

女 235 号（一型半）跟高 20mm、30mm 全空凉鞋楦设计参考数据，如表 10 – 15 所示。

女 235 号（一型半）跟高 40mm、50mm 全空凉鞋楦设计参考数据，如表 10 – 16 所示。

女 235 号（一型半）跟高 60mm、70mm 全空凉鞋楦设计参考数据，如表 10 – 17 所示。

6. 女满帮拖鞋

女 235 号（一型半）跟高 20mm、40mm 满帮拖鞋楦设计参考数据，如表 10 – 18 所示。

女 235 号（一型半）跟高 60mm 满帮拖鞋楦设计参考数据，如表 10 – 19 所示。

二、鞋楦底样及断面设计图实例

鞋楦断面图各部位字母标注示意图，如图 10 – 1 所示。

女 235 号（一型半）跟高 20mm 加长素头鞋楦底样及断面设计图，如图 10 – 2 所示（见书后的插页），参考数据如表 10 – 20 所示（见书后的插页）。

女 235 号（一型半）跟高 30mm 加长素头鞋楦底样及断面设计图，如图 10 – 3 所示（见书后的插页），参考数据如表 10 – 21 所示（见书后的插页）。

女 235 号（一型半）跟高 40mm 加长素头鞋楦底样及断面设计图，如图 10 – 4 所示（见书后的插页），参考数据如表 10 – 22 所示（见书后的插页）。

女 235 号（一型半）跟高 50mm 加长素头鞋楦底样及断面设计图，如图 10 – 5 所示（见书后的插页），参考数据如表 10 – 23 所示（见书后的插页）。

女 235 号（一型半）跟高 60mm 加长素头鞋楦底样及断面设计图，如图 10 – 6 所示（见书后的插页），参考数据如表 10 – 24 所示（见书后的插页）。

女 235 号（一型半）跟高 70mm 加长素头鞋楦底样及断面设计图，如图 10 – 7 所示（见书后的插页），参考数据如表 10 – 25 所示（见书后的插页）。

女 235 号（一型半）跟高 80mm 加长素头鞋楦底样及断面设计图，如图 10 - 8 所示（见书后的插页），参考数据如表 10 - 26 所示（见书后的插页）。

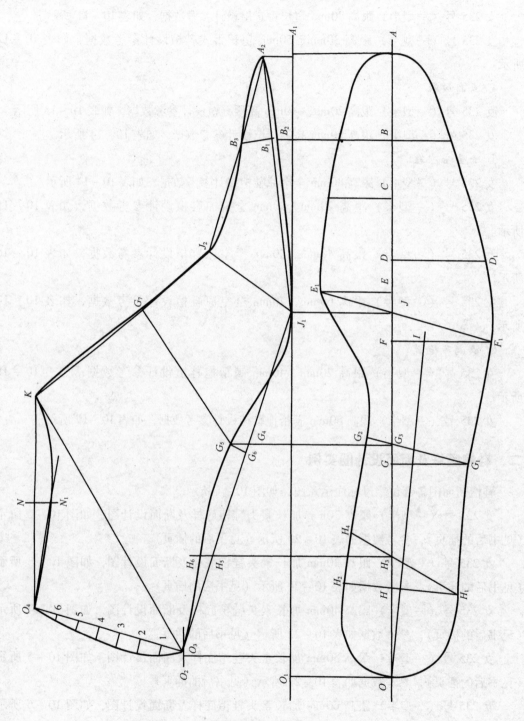

图 10 - 1　鞋楦断面图各部位字母标注示意图

表 10 – 1　女 235 号（一型半）跟高 20mm 素头鞋楦设计参考数据及底样图实例

部位名称		尺寸（mm）	等差（mm）
长度	楦底样长	247	±5
	放余量	16.5	±0.34
	脚趾端点部位	230.5	±4.66
	拇趾外突点部位	206.7	±4.18
	小趾外突点部位	178.5	±3.61
	第一跖趾部位	165.7	±3.35
	第五跖趾部位	144.5	±2.93
	腰窝部位	91.7	±1.86
	踵心部位	37.7	±0.76
	后容差	4.5	±0.09
围度	跖围	220	±3.5
	跗围	224	±3.6
宽度	基本宽度	81.5	±1.3
	拇趾里宽	31.1	±0.50
	小趾外宽	45.6	±0.73
	第一跖趾里宽	33.8	±0.54
	第五跖趾外宽	47.7	±0.76
	腰窝外宽	36	±0.57
	踵心全宽	54.3	±0.87
楦体尺寸	跷高 总前跷	25.5	±0.43
	跷高 前跷	15	±0.26
	跷高 后跷高	20	±0.32
	头厚	16.5	±0.27
	后跟突点高	20.3	±0.33
	后身高	70	±1.07
	前掌凸度	4	±0.09
	底心凹度	6.5	±0.08
	踵心凸度	2.5	±0.06
	统口宽	20	±0.32
	统口长	92	±1.86
	楦斜长	245	±4.96

表10-2 女235号（一型半）跟高30mm 素头鞋楦设计参考数据及底样图实例

部位名称			尺寸（mm）	等差（mm）
长度		楦底样长	247	±5
		放余量	16.5	±0.34
		脚趾端点部位	230.5	±4.66
		拇趾外突点部位	206.7	±4.18
		小趾外突点部位	178.5	±3.61
		第一跖趾部位	165.7	±3.35
		第五跖趾部位	144.5	±2.93
		腰窝部位	91.7	±1.86
		踵心部位	37.7	±0.76
		后容差	4.5	±0.09
围度		跖围	220	±3.5
		跗围	224	±3.6
宽度		基本宽度	81.5	±1.3
		拇趾里宽	31.1	±0.50
		小趾外宽	45.6	±0.73
		第一跖趾里宽	33.8	±0.54
		第五跖趾外宽	47.7	±0.76
		腰窝外宽	36	±0.57
		踵心全宽	54.3	±0.87
楦体尺寸	跷高	总前跷	25.5	±0.43
		前跷	15	±0.26
		后跷高	20	±0.32
		头厚	16.5	±0.27
		后跟突点高	20.3	±0.33
		后身高	70	±1.07
		前掌凸度	4	±0.09
		底心凹度	6.5	±0.08
		踵心凸度	2.5	±0.06
		统口宽	20	±0.32
		统口长	92	±1.86
		楦斜长	245	±4.96

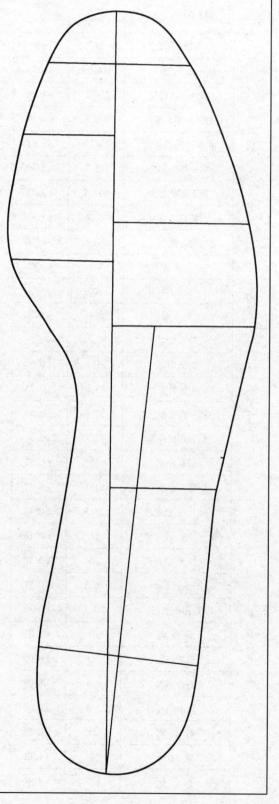

表 10－3 女 235 号（一型半）跟高 40mm 素头鞋楦设计参考数据及底样图实例

部位名称		尺寸（mm）	等差（mm）
长度	楦底样长	247	±5
	放余量	16.5	±0.34
	脚趾端点部位	230.5	±4.66
	拇趾外突点部位	206.7	±4.18
	小趾外突点部位	178.5	±3.61
	第一跖趾部位	165.7	±3.35
	第五跖趾部位	144.5	±2.93
	腰窝部位	91.7	±1.86
	踵心部位	37.7	±0.76
	后容差	4.5	±0.09
围度	跖围	222	±3.5
	跗围	221	±3.5
宽度	基本宽度	78.8	±1.2
	拇趾里宽	29.	±0.44
	小趾外宽	45.2	±0.69
	第一跖趾里宽	32.8	±0.50
	第五跖趾外宽	46	±0.70
	腰窝外宽	34.2	±0.52
	踵心全宽	52.5	±0.80
楦体尺寸	跷高	总前跷	36.5	±0.60
		前跷	13	±0.22
		后跷高	40	±0.64
	头厚	16.5	±0.26
	后跟突点高	20.3	±0.33
	后身高	70	±1.06
	前掌凸度	4	±0.08
	底心凹度	7.5	±0.10
	踵心凸度	2.5	±0.05
	统口宽	20	±0.32
	统口长	92	±1.86
	楦斜长	242.2	±4.90

表 10 - 4　女 235 号（一型半）跟高 50mm 素头鞋楦设计参考数据及底样图实例

部位名称			尺寸（mm）	等差（mm）
长度		楦底样长	247	±5
		放余量	16.5	±0.34
		脚趾端点部位	230.5	±4.66
		拇趾外突点部位	206.7	±4.18
		小趾外突点部位	178.5	±3.61
		第一跖趾部位	165.7	±3.35
		第五跖趾部位	144.5	±2.93
		腰窝部位	91.7	±1.86
		踵心部位	37.7	±0.76
		后容差	4.5	±0.09
围度		跖围	222	±3.5
		跗围	219	±3.5
宽度		基本宽度	78.8	±1.2
		拇趾里宽	29	±0.44
		小趾外宽	45.2	±0.69
		第一跖趾里宽	32.8	±0.50
		第五跖趾外宽	46	±0.70
		腰窝外宽	34.2	±0.52
		踵心全宽	52.5	±0.80
楦体尺寸	跷高	总前跷	42	±0.69
		前跷	12	±0.21
		后跷高	50	±0.80
		头厚	16.5	±0.26
		后跟突点高	20.3	±0.33
		后身高	70	±1.06
		前掌凸度	4	±0.08
		底心凹度	8	±0.10
		踵心凸度	2.5	±0.05
		统口宽	20	±0.32
		统口长	92	±1.87
		楦斜长	240.8	±4.86

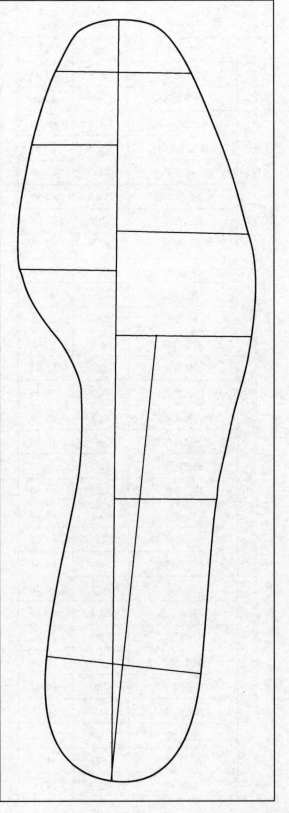

表 10－5　女 235 号（一型半）跟高 60mm 素头鞋楦设计参考数据及底样图实例

部位名称		尺寸（mm）	等差（mm）
长度	楦底样长	247	±5
	放余量	16.5	±0.34
	脚趾端点部位	230.5	±4.66
	拇趾外突点部位	206.68	±4.18
	小趾外突点部位	178.5	±3.61
	第一跖趾部位	165.7	±3.55
	第五跖趾部位	144.5	±2.93
	腰窝部位	91.7	±1.86
	踵心部位	37.7	±0.76
	后容差	4.5	±0.09
围度	跖围	224	±3.5
	跗围	218.9	±3.4
宽度	基本宽度	77.6	±1.2
	拇趾里宽	28.6	±0.44
	小趾外宽	49	±0.69
	第一跖趾里宽	32.3	±0.50
	第五跖趾外宽	45.3	±0.70
	腰窝外宽	33.7	±052
	踵心全宽	51.7	±0.80
楦体尺寸	跷高 总前跷	47.5	±0.77
	前跷	11	±0.19
	后跷高	60	±0.95
	头厚	16.5	±0.26
	后跟突点高	20.3	±0.32
	后身高	70	±1.05
	前掌凸度	4	±0.08
	底心凹度	8.5	±0.11
	踵心凸度	2.5	±0.05
	统口宽	20	±0.32
	统口长	92	±1.86
	楦斜长	239.4	±4.84

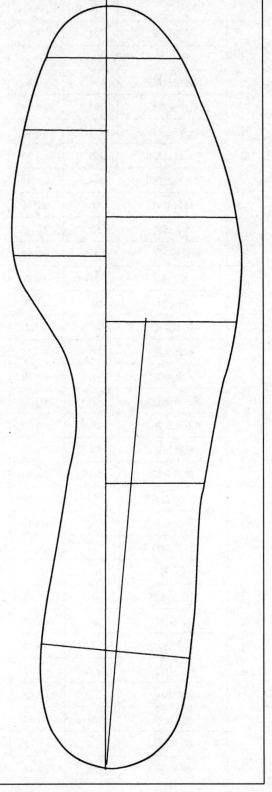

表 10-6　女 235 号（一型半）跟高 70mm 素头鞋楦设计参考数据及底样图实例

部位名称		尺寸（mm）	等差（mm）
长度	楦底样长	247	±5
	放余量	16.5	±0.34
	脚趾端点部位	230.5	±4.66
	拇趾外突点部位	206.7	±4.18
	小趾外突点部位	178.5	±3.61
	第一跖趾部位	165.7	±3.35
	第五跖趾部位	144.5	±2.93
	腰窝部位	91.7	±1.86
	踵心部位	37.7	±0.76
	后容差	4.5	±0.09
围度	跖围	224	±3.5
	跗围	216.9	±3.4
宽度	基本宽度	77.6	±1.2
	拇趾里宽	28.6	±0.44
	小趾外宽	44.5	±0.69
	第一跖趾里宽	32.3	±0.50
	第五跖趾外宽	45.3	±0.70
	腰窝外宽	33.7	±0.52
	踵心全宽	51.7	±0.80
跷高	总前跷	53	±0.86
	前跷	10	±0.17
	后跷高	70	±1.11
楦体尺寸	头厚	16.5	±0.26
	后跟突点高	20.3	±0.32
	后身高	70	±1.05
	前掌凸度	4	±0.08
	底心凹度	8.5	±0.12
	踵心凸度	2.5	±0.05
	统口宽	20	±0.32
	统口长	92	±1.86
	楦斜长	238	±4.18

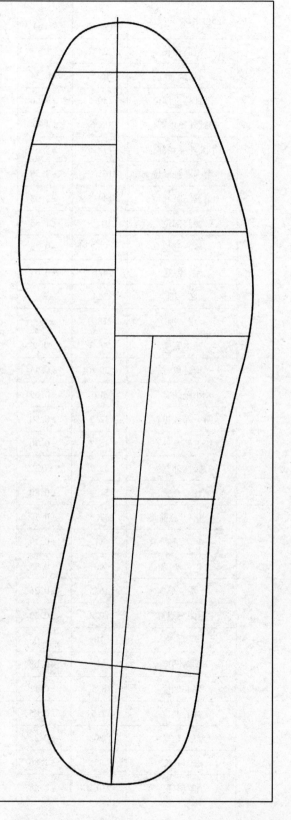

表 10 – 7　女 235 号（一型半）跟高 80mm 素头鞋楦设计参考数据及底样图实例

部位名称		尺寸（mm）	等差（mm）
长度	楦底样长	247	±5
	放余量	16.5	±0.34
	脚趾端点部位	230.5	±4.66
	拇趾外突点部位	206.7	±4.18
	小趾外突点部位	178.5	±3.61
	第一跖趾部位	165.7	±3.35
	第五跖趾部位	144.5	±2.93
	腰窝部位	91.7	±1.86
	踵心部位	37.7	±0.76
	后容差	4.5	±0.09
围度	跖围	224	±3.5
	跗围	214.9	±3.4
宽度	基本宽度	77.6	±1.2
	拇趾里宽	28.6	±0.44
	小趾外宽	44.5	±0.69
	第一跖趾里宽	32.3	±0.50
	第五跖趾外宽	45.3	±0.70
	腰窝外宽	33.7	±0.52
	踵心全宽	51.7	±0.80
跷高	总前跷	58.5	±0.94
	前跷	9	±0.16
	后跷高	80	±1.27
楦体尺寸	头厚	16.5	±0.26
	后跟突点高	20.3	±0.32
	后身高	70	±1.05
	前掌凸度	4	±0.08
	底心凹度	8.5	±0.13
	踵心凸度	2.5	±0.05
	统口宽	20	±0.32
	统口长	92	±1.86
	楦斜长	238	±4.79

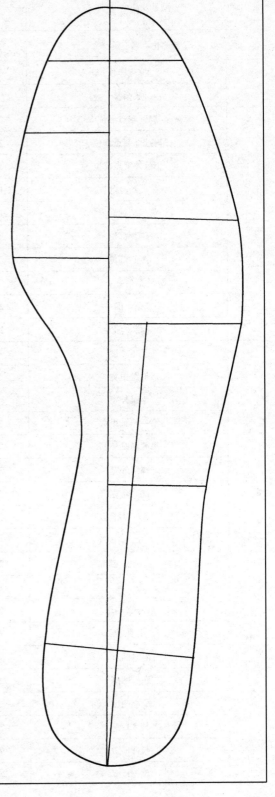

表 10 - 8　女 235 号（一型半）跟高 20mm、30mm 浅口鞋楦设计参考数据

型号及品名			女浅口楦：跟高 20mm		女浅口楦：跟高 30mm	
			235（一型半）		235（一型半）	
部 位 名 称			尺寸（mm）	等差（mm）	尺寸（mm）	等差（mm）
长度		楦底样长	245.0	±5.0	245.0	±5
		放余量	14.8	±0.3	14.8	±0.3
		脚趾端点部位	230.2	±4.7	230.2	±4.7
		拇趾外突点部位	206.7	±4.2	206.7	±4.2
		小趾外突点部位	178.5	±3.6	178.5	±3.6
		第一跖趾部位	165.7	±3.4	165.7	±3.4
		第五跖趾部位	144.6	±3.0	144.6	±3.0
		腰窝部位	91.7	±1.9	91.7	±1.9
		踵心部位	37.7	±0.8	37.7	±0.8
		后容差	4.6	±0.1	4.4	±0.1
围度		跖围	216.5	±3.5	216.5	±3.5
		跗围	218.5	±3.5	216.5	±3.5
宽度		基本宽度	80.2	±1.3	80.2	±1.3
		拇趾里宽	30.6	±0.5	30.6	±0.5
		小趾外宽	44.9	±0.7	44.9	±0.7
		第一跖趾里宽	33.3	±0.5	33.3	±0.5
		第五跖趾外宽	46.9	±0.8	46.9	±0.8
		腰窝外宽	35.5	±0.6	35.5	±0.6
		踵心全宽	53.5	±0.9	53.5	±0.9
楦体尺寸	跷高	总前跷	26.9	±0.4	32.5	±0.5
		前跷	15.3	±0.3	14.2	±0.2
		后跷高	20.3	±0.3	30.5	±0.5
		头厚	16.3	±0.3	16.3	±0.3
		后跟突点高	20.6	±0.3	20.0	±0.3
		后身高	71.1	±1.1	71.1	±1.1
		前掌凸度	4.6	±0.1	4.6	±0.1
		底心凹度	5.6	±0.1	6.1	±0.1
		踵心凸度	3.5	±0.1	3.5	±0.1
		统口宽	20.3	±0.3	20.3	±0.3
		统口长	91.9	±1.9	91.9	±1.9
		楦斜长	244.9	±4.49	243.5	±4.94

表 10-9 女 235 号（一型半）跟高 40mm、50mm 浅口鞋楦设计参考数据

型号及品名			女浅口楦：跟高 40mm		女浅口楦：跟高 50mm	
			235（一型半）		235（一型半）	
部 位 名 称			尺寸（mm）	等差（mm）	尺寸（mm）	等差（mm）
长度		楦底样长	245.0	±5.0	245.0	±5
		放余量	14.8	±0.3	14.8	±0.3
		脚趾端点部位	230.2	±4.7	230.2	±4.7
		拇趾外突点部位	206.7	±4.2	206.7	±4.2
		小趾外突点部位	178.5	±3.6	178.5	±3.6
		第一跖趾部位	165.7	±3.4	165.7	±3.4
		第五跖趾部位	144.6	±3.0	144.6	±3.0
		腰窝部位	91.7	±1.9	91.7	±1.9
		踵心部位	37.7	±0.8	37.7	±0.8
		后容差	4.2	±0.1	4.0	±0.1
围度		跖围	218.5	±3.5	218.5	±3.5
		跗围	215.5	±3.5	213.4	±3.4
宽度		基本宽度	77.5	±1.2	77.5	±1.2
		拇趾里宽	28.5	±0.4	28.5	±0.4
		小趾外宽	44.4	±0.7	44.4	±0.7
		第一跖趾里宽	32.2	±0.5	32.2	±0.5
		第五跖趾外宽	45.3	±0.7	45.3	±0.7
		腰窝外宽	33.6	±0.5	33.6	±0.5
		踵心全宽	51.6	±0.8	51.6	±0.8
楦体尺寸	跷高	总前跷	38.1	±0.4	43.7	±0.4
		前跷	13.2	±0.3	12.2	±0.3
		后跷高	40.6	±0.3	50.8	±0.3
		头厚	16.3	±0.3	16.3	±0.3
		后跟突点高	19.4	±0.3	18.8	±0.3
		后身高	71.1	±1.1	71.1	±1.1
		前掌凸度	4.1	±0.1	4.1	±0.1
		底心凹度	6.6	±0.1	7.1	±0.1
		踵心凸度	3.0	±0.1	3.0	±0.1
		统口宽	20.3	±0.3	20.3	±0.3
		统口长	91.9	±1.9	91.9	±1.9
		楦斜长	242.1	±4.9	240.6	±4.9

表 10 – 10　女 235 号（一型半）跟高 60mm、70mm 浅口鞋楦设计参考数据

型号及品名			女浅口楦：跟高 60mm		女浅口楦：跟高 70mm	
			235（一型半）		235（一型半）	
部 位 名 称			尺寸（mm）	等差（mm）	尺寸（mm）	等差（mm）
长度		楦底样长	245.0	±5.0	245.0	±5.0
		放余量	14.8	±0.3	14.8	±0.3
		脚趾端点部位	230.2	±4.7	230.2	±4.7
		拇趾外突点部位	206.7	±4.2	206.7	±4.2
		小趾外突点部位	178.5	±3.6	178.5	±3.6
		第一跖趾部位	165.7	±3.4	165.7	±3.4
		第五跖趾部位	144.6	±3.0	144.6	±3.0
		腰窝部位	91.7	±1.9	91.7	±1.9
		踵心部位	37.7	±0.8	37.7	±0.8
		后容差	3.8	±0.1	3.6	±0.1
围度		跖围	220.5	±3.5	220.5	±3.5
		跗围	213.4	±3.4	211.4	±3.4
宽度		基本宽度	76.3	±1.2	76.3	±1.2
		拇趾里宽	28.1	±0.4	28.1	±0.4
		小趾外宽	43.7	±0.7	43.7	±0.7
		第一跖趾里宽	31.7	±0.5	31.7	±0.5
		第五跖趾外宽	44.6	±0.7	44.6	±0.7
		腰窝外宽	33.1	±0.5	33.1	±0.5
		踵心全宽	50.8	±0.8	50.8	±0.8
楦体尺寸	跷高	总前跷	49.3	±0.8	54.9	±0.9
		前跷	11.2	±0.2	10.2	±0.2
		后跷高	61.0	±1.0	71.1	±1.1
		头厚	16.3	±0.3	16.3	±0.3
		后跟突点高	18.2	±0.3	17.6	±0.3
		后身高	71.1	±1.1	71.1	±1.1
		前掌凸度	4.1	±0.1	4.1	±0.1
		底心凹度	7.6	±0.1	8.1	±0.1
		踵心凸度	3.0	±0.1	3.0	±0.1
		统口宽	20.3	±0.3	20.3	±0.3
		统口长	91.9	±1.9	91.9	±1.9
		楦斜长	239.2	±4.8	237.8	±4.8

表 10－11　女 235 号（一型半）跟高 80mm 浅口楦、跟高 70mm 超长舌式楦设计参考数

型号及品名			女浅口楦：跟高 80mm		女超长舌式：跟高 70mm	
			235（一型半）		235（一型半）	
部 位 名 称			尺寸（mm）	等差（mm）	尺寸（mm）	等差（mm）
长度		楦底样长	245.0	±5.0	250.0	±5.0
		放余量	14.8	±0.3	19.9	±0.3
		脚趾端点部位	230.2	±4.7	230.1	±4.7
		拇趾外突点部位	206.7	±4.2	206.6	±4.2
		小趾外突点部位	178.5	±3.6	178.5	±3.6
		第一跖趾部位	165.7	±3.4	165.6	±3.4
		第五跖趾部位	144.6	±3.0	144.5	±3.0
		腰窝部位	91.7	±1.9	91.6	±1.9
		踵心部位	37.7	±0.8	37.7	±0.8
		后容差	3.4	±0.1	3.6	±0.1
围度		跖围	220.5	±3.5	224.0	±3.5
		跗围	209.3	±3.4	216.9	±3.4
宽度		基本宽度	76.3	±1.2	75.6	±1.2
		拇趾里宽	28.1	±0.4	28.6	±0.4
		小趾外宽	43.7	±0.7	42.7	±0.7
		第一跖趾里宽	31.7	±0.5	31.3	±0.5
		第五跖趾外宽	44.6	±0.7	44.3	±0.7
		腰窝外宽	33.1	±0.5	33.7	±0.5
		踵心全宽	50.8	±0.8	51.7	±0.8
楦体尺寸	跷高	总前跷	60.5	±0.8	54.9	±0.8
		前跷	9.2	±0.2	10.2	±0.2
		后跷高	81.3	±1.0	71.1	±1.0
		头厚	16.3	±0.3	16.2	±0.3
		后跟突点高	17.0	±0.3	17.6	±0.3
		后身高	71.1	±1.1	71.0	±1.1
		前掌凸度	4.1	±0.1	4.1	±0.1
		底心凹度	8.6	±0.1	8.1	±0.1
		踵心凸度	3.0	±0.1	3.0	±0.1
		统口宽	20.3	±0.3	20.3	±0.3
		统口长	91.9	±1.9	91.8	±1.9
		楦斜长	236.4	±4.8	242.8	±4.8

表 10 – 12　女 235 号（一型半）跟高 30mm、50mm 超长舌式鞋楦设计参考数据

型号及品名			女超长舌式楦：跟高 30mm		女超长舌式楦：跟高 50mm	
			235（一型半）		235（一型半）	
部　位　名　称			尺寸（mm）	等差（mm）	尺寸（mm）	等差（mm）
长度	楦底样长		250	±5.0	250	±5.0
	放余量		19.5	±0.3	19.9	±0.3
	脚趾端点部位		230.5	±4.7	230.5	±4.7
	拇趾外突点部位		206.6	±4.2	206.6	±4.2
	小趾外突点部位		178.5	±3.6	178.5	±3.6
	第一跖趾部位		165.6	±3.4	165.6	±3.4
	第五跖趾部位		144.5	±3.0	144.5	±3.0
	腰窝部位		91.6	±1.9	91.6	±1.9
	踵心部位		37.7	±0.8	37.7	±0.8
	后容差		4.5	±0.1	4.5	±0.1
围度	跖围		220	±3.5	222	±3.5
	跗围		222	±3.4	219.0	±3.4
宽度	基本宽度		79.5	±1.2	76.8	±1.2
	拇趾里宽		30.1	±0.4	29.0	±0.4
	小趾外宽		44.9	±0.7	43.4	±0.7
	第一跖趾里宽		32.8	±0.5	31.8	±0.5
	第五跖趾外宽		46.7	±0.7	45.0	±0.7
	腰窝外宽		36.0	±0.5	34.2	±0.5
	踵心全宽		54.3	±0.8	52.5	±0.8
楦体尺寸	跷高	总前跷	32.3	±0.8	43.7	±0.8
		前跷	14.2	±0.2	12.2	±0.2
		后跷高	30.5	±1.0	50.8	±1.0
	头厚		16.3	±0.3	16.3	±0.3
	后跟突点高		20.0	±0.3	18.8	±0.3
	后身高		71.1	±1.1	71.1	±1.1
	前掌凸度		4.6	±0.1	4.1	±0.1
	底心凹度		6.1	±0.1	7.1	±0.1
	踵心凸度		3.5	±0.1	3.0	±0.1
	统口宽		20.3	±0.3	20.3	±0.3
	统口长		91.9	±1.9	91.8	±1.9
	楦斜长		245.6	±4.8	245.6	±4.8

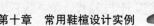

表 10－13　女 235 号（一型半）跟高 20mm、40mm 高腰鞋楦设计参考数据

型号及品名			女高腰鞋楦：跟高 20mm		女高腰鞋楦：跟高 40mm	
			235（一型半）		235（一型半）	
部 位 名 称			尺寸（mm）	等差（mm）	尺寸（mm）	等差（mm）
长度		楦底样长	247.0	±5.0	247.0	±5.0
		放余量	16.8	±0.3	16.8	±0.3
		脚趾端点部位	230.2	±4.7	230.2	±4.7
		拇趾外突点部位	206.7	±4.2	206.7	±4.2
		小趾外突点部位	178.5	±3.6	178.5	±3.6
		第一跖趾部位	165.7	±3.4	165.7	±3.4
		第五跖趾部位	144.5	±3.0	144.5	±3.0
		腰窝部位	91.7	±1.9	91.7	±1.9
		踵心部位	37.7	±0.8	37.7	±0.8
		后容差	4.6	±0.1	4.2	±0.1
围度		跖围	223.5	±3.5	225.5	±3.5
		跗围	228.6	±3.4	225.5	±3.4
宽度		基本宽度	81.5	±1.2	78.8	±1.2
		拇趾里宽	31.1	±0.4	29.0	±0.4
		小趾外宽	45.6	±0.7	45.2	±0.7
		第一跖趾里宽	33.8	±0.5	32.8	±0.5
		第五跖趾外宽	47.7	±0.7	46.0	±0.7
		腰窝外宽	36.0	±0.5	34.2	±0.5
		踵心全宽	54.3	±0.8	52.5	±0.8
楦体尺寸	跷高	总前跷	26.9	±0.8	60.5	±0.8
		前跷	15.2	±0.2	9.2	±0.2
		后跷高	20.3	±1.0	81.3	±1.0
		头厚	16.8	±0.3	16.8	±0.3
		后跟突点高	20.6	±0.3	19.4	±0.3
		后身高	96.5	±1.1	96.5	±1.1
		前掌凸度	4.6	±0.1	4.1	±0.1
		底心凹度	5.6	±0.1	6.6	±0.1
		踵心凸度	3.5	±0.1	3.0	±0.1
		统口宽	25.4	±0.3	25.4	±0.3
		统口长	104.1	±1.9	104.1	±1.9
		楦斜长	264.3	±4.8	261.4	±4.8

表 10－14　女 235 号（一型半）跟高 60mm 高腰鞋楦、跟高 80mm 全空凉鞋楦设计参考数据

| 型号及品名 | | | 女高腰鞋楦：跟高 60mm | | 女全空凉鞋楦：跟高 80mm | |
| | | | 235（一型半） | | 235（一型半） | |
部　位　名　称			尺寸（mm）	等差（mm）	尺寸（mm）	等差（mm）
长度		楦底样长	247.0	±5.0	247.0	±5.0
		放余量	16.8	±0.3	16.8	±0.3
		脚趾端点部位	230.2	±4.7	230.2	±4.7
		拇趾外突点部位	206.7	±4.2	206.7	±4.2
		小趾外突点部位	178.5	±3.6	178.5	±3.6
		第一跖趾部位	165.7	±3.4	165.7	±3.4
		第五跖趾部位	144.5	±3.0	144.5	±3.0
		腰窝部位	91.7	±1.9	91.7	±1.9
		踵心部位	37.7	±0.8	37.7	±0.8
		后容差	3.8	±0.1	3.8	±0.1
围度		跖围	227.5	±3.5	227.5	±3.5
		跗围	223.4	±3.4	223.4	±3.4
宽度		基本宽度	75.6	±1.2	75.6	±1.2
		拇趾里宽	28.5	±0.4	28.5	±0.4
		小趾外宽	42.7	±0.7	42.7	±0.7
		第一跖趾里宽	31.3	±0.5	31.3	±0.5
		第五跖趾外宽	44.3	±0.7	44.3	±0.7
		腰窝外宽	33.7	±0.5	33.7	±0.5
		踵心全宽	51.7	±0.8	51.7	±0.8
楦体尺寸	跷高	总前跷	49.3	±0.8	60.5	±0.8
		前跷	11.2	±0.2	9.2	±0.2
		后跷高	60.9	±1.1	81.3	±1.1
		头厚	16.8	±0.3	16.8	±0.3
		后跟突点高	18.2	±0.3	18.2	±0.3
		后身高	96.5	±1.1	96.5	±1.1
		前掌凸度	4.1	±0.1	4.1	±0.1
		底心凹度	7.6	±0.1	7.6	±0.1
		踵心凸度	3.0	±0.1	3.0	±0.1
		统口宽	25.4	±0.3	25.4	±0.3
		统口长	104.1	±1.9	104.1	±1.9
		楦斜长	258.6	±4.8	258.6	±4.8

表 10 –15　女 235 号（一型半）跟高 20mm、30mm 全空凉鞋楦设计参考数据

型号及品名			女全空凉鞋楦：跟高 20mm		女全空凉鞋楦：跟高 30mm	
			235（一型半）		235（一型半）	
部 位 名 称			尺寸（mm）	等差（mm）	尺寸（mm）	等差（mm）
长度		楦底样长	242.0	±5.0	242.0	±5.0
		放余量	10.7	±0.3	10.7	±0.3
		脚趾端点部位	231.3	±4.7	231.3	±4.7
		拇趾外突点部位	207.8	±4.2	207.8	±4.2
		小趾外突点部位	179.6	±3.6	179.6	±3.6
		第一跖趾部位	166.7	±3.4	166.7	±3.4
		第五跖趾部位	145.6	±3.0	145.6	±3.0
		腰窝部位	92.7	±1.9	92.7	±1.9
		踵心部位	38.7	±0.8	38.7	±0.8
		后容差	3.6	±0.1	3.6	±0.1
围度		跖围	216.5	±3.5	216.5	±3.5
		跗围	224.6	±3.4	222.6	±3.4
宽度		基本宽度	80.2	±1.2	80.2	±1.2
		拇趾里宽	30.6	±0.4	30.6	±0.4
		小趾外宽	44.9	±0.7	44.9	±0.7
		第一跖趾里宽	33.3	±0.5	33.3	±0.5
		第五跖趾外宽	46.9	±0.7	46.9	±0.7
		腰窝外宽	36.0	±0.5	36.0	±0.5
		踵心全宽	53.5	±0.8	53.5	±0.8
楦体尺寸	跷高	总前跷	25.9	±0.4	31.5	±0.5
		前跷	14.2	±0.2	13.2	±0.2
		后跷高	20.3	±0.3	30.5	±0.5
		头厚	15.2	±0.3	15.2	±0.3
		后跟突点高	20.6	±0.3	20.6	±0.3
		后身高	67.1	±1.1	67.1	±1.1
		前掌凸度	4.6	±0.1	4.6	±0.1
		底心凹度	5.6	±0.1	6.1	±0.1
		踵心凸度	3.5	±0.1	3.5	±0.1
		统口宽	20.3	±0.3	20.3	±0.3
		统口长	91.9	±1.9	91.9	±1.9
		楦斜长	238.9	±4.8	237.4	±4.8

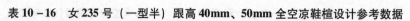

表 10－16　女 235 号（一型半）跟高 40mm、50mm 全空凉鞋楦设计参考数据

型号及品名			女全空凉鞋楦：跟高 40mm		女全空凉鞋楦：跟高 50mm	
			235（一型半）		235（一型半）	
部 位 名 称			尺寸（mm）	等差（mm）	尺寸（mm）	等差（mm）
长度		楦底样长	242.0	±5.0	242.0	±5.0
		放余量	10.7	±0.3	10.7	±0.3
		脚趾端点部位	231.3	±4.7	231.3	±4.7
		拇趾外突点部位	207.8	±4.2	207.8	±4.2
		小趾外突点部位	179.6	±3.6	179.6	±3.6
		第一跖趾部位	166.7	±3.4	166.7	±3.4
		第五跖趾部位	145.6	±3.0	145.6	±3.0
		腰窝部位	92.7	±1.9	92.7	±1.9
		踵心部位	38.7	±0.8	38.7	±0.8
		后容差	3.6	±0.1	3.6	±0.1
围度		跖围	218.5	±3.5	218.5	±3.5
		跗围	221.5	±3.4	219.5	±3.4
宽度		基本宽度	77.5	±1.2	77.5	±1.2
		拇趾里宽	28.5	±0.4	28.5	±0.4
		小趾外宽	44.4	±0.7	44.4	±0.7
		第一跖趾里宽	32.2	±0.5	32.2	±0.5
		第五跖趾外宽	45.3	±0.7	45.3	±0.7
		腰窝外宽	34.2	±0.5	34.2	±0.5
		踵心全宽	51.6	±0.8	51.6	±0.8
楦体尺寸	跷高	总前跷	37.1	±0.6	42.7	±0.7
		前跷	12.2	±0.2	11.2	±0.2
		后跷高	40.6	±0.6	50.8	±0.8
	头厚		15.2	±0.3	15.2	±0.3
	后跟突点高		20.6	±0.3	20.6	±0.3
	后身高		67.1	±1.1	67.1	±1.1
	前掌凸度		4.1	±0.1	4.1	±0.1
	底心凹度		6.6	±0.1	7.1	±0.1
	踵心凸度		3.0	±0.1	3.0	±0.1
	统口宽		20.3	±0.3	20.3	±0.3
	统口长		91.9	±1.9	91.9	±1.9
	楦斜长		236.0	±4.8	234.6	±4.8

表 10 – 17　女 235 号（一型半）跟高 60mm、70mm 全空凉鞋楦设计参考数据

型号及品名			女全空凉鞋楦：跟高 60mm		女全空凉鞋楦：跟高 70mm	
			235（一型半）		235（一型半）	
部 位 名 称			尺寸（mm）	等差（mm）	尺寸（mm）	等差（mm）
长度		楦底样长	242.0	±5.0	242.0	±5.0
		放余量	10.7	±0.3	10.7	±0.3
		脚趾端点部位	231.3	±4.7	231.3	±4.7
		拇趾外突点部位	207.8	±4.2	207.8	±4.2
		小趾外突点部位	179.6	±3.6	179.6	±3.6
		第一跖趾部位	166.7	±3.4	166.7	±3.4
		第五跖趾部位	145.6	±3.0	145.6	±3.0
		腰窝部位	92.7	±1.9	92.7	±1.9
		踵心部位	38.7	±0.8	38.7	±0.8
		后容差	3.6	±0.1	3.6	±0.1
围度		跖围	220.5	±3.5	220.5	±3.5
		跗围	219.5	±3.4	217.5	±3.4
宽度		基本宽度	76.3	±1.2	76.3	±1.2
		拇趾里宽	28.1	±0.4	28.1	±0.4
		小趾外宽	43.7	±0.7	43.7	±0.7
		第一跖趾里宽	31.7	±0.5	31.7	±0.5
		第五跖趾外宽	44.6	±0.7	44.6	±0.7
		腰窝外宽	33.7	±0.5	33.7	±0.5
		踵心全宽	50.8	±0.8	50.8	±0.8
楦体尺寸	跷高	总前跷	48.3	±0.8	53.8	±0.7
		前跷	10.2	±0.2	9.2	±0.2
		后跷高	61.0	±1.0	71.1	±0.8
		头厚	15.2	±0.3	15	±0.3
		后跟突点高	20.6	±0.3	20.6	±0.3
		后身高	67.1	±1.1	66	±1.1
		前掌凸度	4.1	±0.1	4	±0.1
		底心凹度	7.6	±0.1	8.1	±0.1
		踵心凸度	3.0	±0.1	3.0	±0.1
		统口宽	20.3	±0.3	20.3	±0.3
		统口长	91.9	±1.9	91.9	±1.9
		楦斜长	233.2	±4.8	231.7	±4.8

表 10－18　女 235 号（一型半）跟高 20mm、40mm 满帮拖鞋楦设计参考数据

型号及品名			女满帮拖鞋楦：跟高 20mm		女满帮拖鞋楦：跟高 40mm	
			235（一型半）		235（一型半）	
部　位　名　称			尺寸（mm）	等差（mm）	尺寸（mm）	等差（mm）
长度		楦底样长	247.0	±5.0	247.0	±5.0
		放余量	15.8	±0.3	15.8	±0.3
		脚趾端点部位	231.2	±4.7	231.2	±4.7
		拇趾外突点部位	207.7	±4.2	207.7	±4.2
		小趾外突点部位	179.5	±3.6	179.5	±3.6
		第一跖趾部位	166.7	±3.4	166.7	±3.4
		第五跖趾部位	145.6	±3.0	145.6	±3.0
		腰窝部位	92.7	±1.9	92.7	±1.9
		踵心部位	38.7	±0.8	38.7	±0.8
		后容差	3.6	±0.1	3.6	±0.1
围度		跖围	223.5	±3.5	225.5	±3.5
		跗围	235.7	±3.4	232.6	±3.4
宽度		基本宽度	81.5	±1.2	78.8	±1.2
		拇趾里宽	31.1	±0.4	29.0	±0.4
		小趾外宽	45.6	±0.7	45.2	±0.7
		第一跖趾里宽	33.8	±0.5	32.8	±0.5
		第五跖趾外宽	47.7	±0.7	46.0	±0.7
		腰窝外宽	36.6	±0.5	34.8	±0.5
		踵心全宽	55.2	±0.8	53.2	±0.8
楦体尺寸	跷高	总前跷	26.9	38.1	38.1	±0.3
		前跷	15.2	13.2	13.2	±0.2
		后跷高	20.3	40.6	40.6	±0.3
	头　厚		26.9	±0.3	17.3	±0.3
	后跟突点高		15.2	±0.3	20.6	±0.3
	后身高		20.3	±1.1	67.0	±1.1
	前掌凸度		26.9	±0.1	4.1	±0.1
	底心凹度		15.2	±0.1	6.6	±0.1
	踵心凸度		20.3	±0.1	3.0	±0.1
	统口宽		26.9	±0.3	25.4	±0.3
	统口长		15.2	±1.9	102.1	±1.9
	楦斜长		20.3	±4.8	245.1	±4.8

表 10 – 19　女 235 号（一型半）跟高 60mm 满帮拖鞋楦设计参考数据

型号及品名			女满帮拖鞋楦：跟高 60mm	
			235（一型半）	
部　位　名　称			尺寸 （mm）	等差 （mm）
长度		楦底样长	247.0	±5.0
		放余量	15.8	±0.3
		脚趾端点部位	231.2	±4.7
		拇趾外突点部位	207.7	±4.2
		小趾外突点部位	179.5	±3.6
		第一跖趾部位	166.7	±3.4
		第五跖趾部位	145.6	±3.0
		腰窝部位	92.7	±1.9
		踵心部位	38.7	±0.8
		后容差	3.6	±0.1
围度		跖围	227.5	±3.5
		跗围	230.5	±3.4
宽度		基本宽度	77.6	±1.2
		拇趾里宽	28.6	±0.4
		小趾外宽	44.5	±0.7
		第一跖趾里宽	32.3	±0.5
		第五跖趾外宽	45.3	±0.7
		腰窝外宽	34.3	±0.5
		踵心全宽	52.5	±0.8
楦体尺寸	跷高	总前跷	49.3	±0.8
		前跷	11.2	±0.2
		后跷高	60.9	±0.9
		头　厚	17.3	±0.3
		后跟突点高	20.6	±0.3
		后身高	67.0	±1.1
		前掌凸度	4.1	±0.1
		底心凹度	7.6	±0.1
		踵心凸度	3.0	±0.1
		统口宽	25.4	±0.3
		统口长	102.1	±1.9
		楦斜长	242.2	±4.8

第二节　男鞋

一、常用鞋楦设计参考数据及底样图实例

1. 男素头鞋

男 255 号（二型半）跟高 25mm 素头鞋楦设计参考数据及底样图实例，如表 10 - 27 所示。

男 255 号（二型半）跟高 30mm 素头鞋楦设计参考数据，如表 10 - 28 所示。

2. 男三节头鞋

男 255 号（二型半）跟高 25mm 三节头鞋楦设计参考数据及底样图实例，如表 10 - 29 所示。

男 255 号（二型半）跟高 30mm 三节头鞋楦、跟高 30mm 超长三节头楦设计参考数据，如表 10 - 30 所示。

3. 男舌式鞋

男 255 号（二型半）跟高 25mm 舌式鞋楦设计参考数据及底样图实例，如表 10 - 31 所示。

男 255 号（二型半）跟高 35mm、40mm 舌式鞋楦设计参考数据，如表 10 - 32 所示。

男 255 号（二型半）跟高 45mm、50mm 超长舌式鞋楦设计参考数据，如表 10 - 33 所示。

4. 男高腰鞋

男 255 号（二型半）跟高 30mm 高腰鞋楦、跟高 30mm 超长高腰鞋楦设计参考数据，如表 10 - 34 所示。

5. 男全空凉鞋

男 255 号（二型半）跟高 20mm 全空凉鞋楦设计参考数据及底样图实例，如表 10 - 35 所示。

男 255 号（二型半）跟高 35mm 全空凉鞋楦、跟高 30mm 满帮拖鞋楦设计参考数据，如表 10 - 36 所示。

6. 男满帮拖鞋

男 255 号（二型半）跟高 30mm 满帮拖鞋楦设计参考数据，如表 10 - 36 所示。

二、鞋楦底样及断面设计图实例

鞋楦断面图各部分字母标注示意图，如图 10 - 1 所示。

男 255 号（二型半）跟高 25mm 素头鞋楦底样及断面设计图，如图 10 - 9 所示（见书后插页），参考数据如表 10 - 37 所示（见书后插页）。

表 10 – 27 男 255 号（二型半）跟高 25mm 素头鞋楦设计参考数据及底样图实例

部位名称		尺寸（mm）	等差（mm）
长度	楦底样长	270	±5
	放余量	20	±0.38
	脚趾端点部位	250	±4.62
	拇趾外突点部位	224.2	±4.15
	小趾外突点部位	193.6	±3.58
	第一跖趾部位	179.6	±3.33
	第五跖趾部位	156.7	±2.90
	腰窝部位	99.3	±1.84
	踵心部位	40.8	±0.75
	后容差	5	±0.09
围度	跖围	243	±3.5
	跗围	247.1	±3.6
宽度	基本宽度	89.3	±1.3
	拇趾里宽	34.1	±0.50
	小趾外宽	50	±0.73
	第一跖趾里宽	36.5	±0.53
	第五跖趾外宽	52.8	±0.77
	腰窝外宽	40.1	±0.58
	踵心全宽	60.5	±0.88
楦体尺寸	跷高 总前跷	28	±0.42
	跷高 前跷	17	±0.26
	跷高 后跷高	25	±0.36
	头厚	20	±0.29
	后跟突点高	22.4	±0.33
	后身高	75	±1.02
	前掌凸度	5	±0.09
	底心凹度	7	±0.09
	踵心凸度	3	±0.06
	统口宽	25	±0.38
	统口长	102	±1.89
	楦斜长	268	±4.97

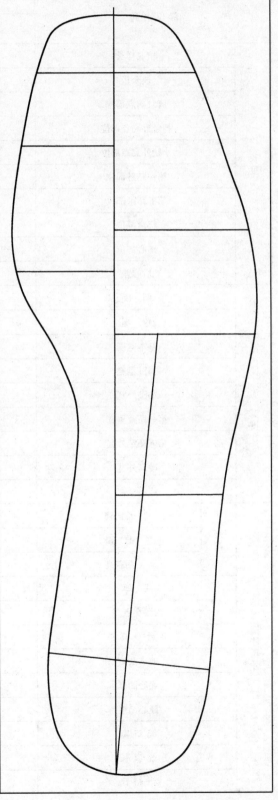

187

表 10-28　男 255 号（二型半）跟高 30mm 素头鞋楦设计参考数据

部 位 名 称		255（二型半）	
		尺寸（mm）	等差（mm）
长度	楦底样长	270	±5
	放余量	20	±0.38
	脚趾端点部位	250	±4.62
	拇趾外突点部位	224.2	±4.15
	小趾外突点部位	193.6	±3.58
	第一跖趾部位	179.6	±3.33
	第五跖趾部位	156.7	±2.90
	腰窝部位	99.3	±1.84
	踵心部位	40.8	±0.75
	后容差	5	±0.09
围度	跖围	239.5	±3.5
	跗围	241.5	±3.6
宽度	基本宽度	88	±1.30
	拇趾里宽	33.6	±0.50
	小趾外宽	49.3	±0.73
	第一跖趾里宽	36.0	±0.53
	第五跖趾外宽	52	±0.77
	腰窝外宽	39.5	±0.58
	踵心全宽	59.6	±0.88
楦体尺寸	跷高 总前跷	28	±0.43
	跷高 前跷	17	±0.27
	跷高 后跷高	25	±0.37
	头厚	20	±0.30
	后跟突点高	22.4	±0.33
	后身高	75	±1.04
	前掌凸度	5	±0.09
	底心凹度	7	±0.09
	踵心凸度	3	±0.06
	统口宽	25	±0.39
	统口长	102	±1.89
	楦斜长	268	±4.97

表 10 - 29　男 255 号（二型半）跟高 25mm 三节头鞋楦设计参考数据及底样图实例

部位名称		尺寸（mm）	等差（mm）
长度	楦底样长	275	±5
	放余量	25	±0.46
	脚趾端点部位	250	±4.54
	拇趾外突点部位	224.1	±4.07
	小趾外突点部位	193.5	±3.52
	第一跖趾部位	179.5	±3.26
	第五跖趾部位	156.7	±2.85
	腰窝部位	99.3	±1.81
	踵心部位	40.7	±0.74
	后容差	5	±0.09
围度	跖围	243	±3.5
	跗围	247	±3.6
宽度	基本宽度	89.3	±1.3
	拇趾里宽	34.1	±0.50
	小趾外宽	50	±0.73
	第一跖趾里宽	36.5	±0.53
	第五跖趾外宽	52.8	±0.77
	腰窝外宽	40.1	±0.58
	踵心全宽	60.5	±0.88
楦体尺寸	跷高 总前跷	29	±0.44
	跷高 前跷	17	±0.26
	跷高 后跷高	25	±0.31
	头厚	20	±0.29
	后跟突点高	22.4	±0.33
	后身高	75	±1.02
	前掌凸度	5	±0.09
	底心凹度	7	±0.09
	踵心凸度	3	±0.06
	统口宽	25	±0.36
	统口长	102	±1.85
	楦斜长	273	±4.96

表 10-30　男 255 号（二型半）跟高 30mm 三节头鞋楦、跟高 30mm 超长三节头楦设计参考数据

品名			男三节头楦：跟高 30mm		男超长三节头楦：跟高 30mm	
部 位 名 称			255（二型半）		255（二型半）	
			尺寸（mm）	等差（mm）	尺寸（mm）	等差（mm）
长度		楦底样长	275	±5	280	±5
		放余量	25	±0.46	30	±0.55
		脚趾端点部位	250	±4.54	250	±4.45
		拇趾外突点部位	224.1	±4.07	224	±4
		小趾外突点部位	193.5	±3.52	193.5	±3.45
		第一跖趾部位	179.6	±3.26	179.5	±3.21
		第五跖趾部位	156.7	±2.85	156.6	±2.8
		腰窝部位	99.3	±1.81	99.27	±1.77
		踵心部位	40.7	±0.74	40.7	±0.73
		后容差	5	±0.09	5	±0.09
围度		跖围	243	±3.5	243	±3.5
		跗围	247	±3.6	247	±3.6
宽度		基本宽度	89.3	±1.30	89.3	±1.3
		拇趾里宽	34.1	±0.50	34.1	±0.5
		小趾外宽	50	±0.73	50	±0.73
		第一跖趾里宽	36.5	±0.53	36.5	±0.53
		第五跖趾外宽	52.8	±0.77	52.8	±0.77
		腰窝外宽	40	±0.58	40.1	±0.58
		踵心全宽	60.5	±0.88	60.5	±0.88
楦体尺寸	跷高	总前跷	32	±0.48	33	±0.5
		前跷	16	±0.25	17	±0.26
		后跷高	30	±0.44	30	±0.44
	头厚		21.5	±0.31	22	±0.29
	后跟突点高		22.4	±0.33	22.4	±0.33
	后身高		75	±1.02	75	±1.02
	前掌凸度		5	±0.09	5	±0.09
	底心凹度		7.5	±0.09	7.5	±0.09
	踵心凸度		3	±0.06	3	±0.06
	统口宽		25	±0.38	25	±0.38
	统口长		102	±1.85	102	±1.82
	楦斜长		272.3	±4.95	271.9	±4.94

表 10-31　男 255 号（二型半）跟高 25mm 舌式鞋楦设计参考数据及底样图实例

部位名称			尺寸（mm）	等差（mm）
长度	楦底样长		270	±5
	放余量		20	±0.38
	脚趾端点部位		250	±4.62
	拇趾外突点部位		224.2	±4.15
	小趾外突点部位		193.6	±3.58
	第一跖趾部位		179.6	±3.33
	第五跖趾部位		156.7	±2.90
	腰窝部位		99.3	±1.84
	踵心部位		40.8	±0.75
	后容差		5	±0.09
围度	跖围		239.5	±3.50
	跗围		241.5	±3.50
宽度	基本宽度		88	±1.30
	拇趾里宽		33.6	±0.50
	小趾外宽		49.3	±0.73
	第一跖趾里宽		36	±0.53
	第五跖趾外宽		52	±0.77
	腰窝外宽		39.5	±0.58
	踵心全宽		59.6	±0.88
楦体尺寸	跷高	总前跷	28	±0.43
		前跷	17	±0.27
		后跷高	25	±0.37
	头厚		20	±0.30
	后跟突点高		22.4	±0.33
	后身高		75	±1.04
	前掌凸度		5	±0.09
	底心凹度		7	±0.09
	踵心凸度		3	±0.06
	统口宽		25	±0.39
	统口长		102	±1.89
	楦斜长		266	±4.97

表 10－32　男 255 号（二型半）跟高 35mm、40mm 超长舌式鞋楦设计参考数据

品名			男超长舌式鞋楦：跟高 35mm		男超长舌式鞋楦：跟高 40mm	
部 位 名 称			255（二型半）		255（二型半）	
			尺寸（mm）	等差（mm）	尺寸（mm）	等差（mm）
长度		楦底样长	275	±5	275	±5
		放余量	25	±0.46	25	±0.46
		脚趾端点部位	250	±4.54	250	±4.54
		拇趾外突点部位	224.1	±4.07	224.1	±4.07
		小趾外突点部位	193.5	±3.52	193.5	±3.52
		第一跖趾部位	179.6	±3.26	179.6	±3.26
		第五跖趾部位	156.7	±2.85	156.7	±2.85
		腰窝部位	99.3	±1.81	99.3	±1.81
		踵心部位	40.7	±0.74	40.7	±0.74
		后容差	5	±0.09	5	±0.09
围度		跖围	239.5	±3.5	239.5	±3.5
		跗围	240.5	±3.5	239.5	±3.5
宽度		基本宽度	88	±1.30	87.3	±1.3
		拇趾里宽	33.6	±0.50	33.6	±0.5
		小趾外宽	49.3	±0.73	49.3	±0.73
		第一跖趾里宽	36.5	±0.54	36.5	±0.54
		第五跖趾外宽	51.5	±0.76	51.5	±0.76
		腰窝外宽	39.5	±0.58	39.5	±0.58
		踵心全宽	59.6	±0.88	59.6	±0.88
楦体尺寸	跷高	总前跷	35	±0.53	37	±0.58
		前跷	15	±0.24	14	±0.22
		后跷高	35	±0.52	40	±0.59
		头厚	22.5	±0.33	22.5	±0.33
		后跟突点高	22.4	±0.33	22.4	±0.33
		后身高	75	±1.04	75	±1.04
		前掌凸度	5	±0.09	5	±0.09
		底心凹度	8	±0.1	8	±0.1
		踵心凸度	3	±0.06	3	±0.06
		统口宽	25	±0.36	25	±0.36
		统口长	102	±1.85	102	±1.85
		楦斜长	273	±4.96	273	±4.96

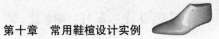

表 10－33　男 255 号（二型半）跟高 45mm、50mm 超长舌式鞋楦设计参考数据

品名			男超长舌式鞋楦：跟高 45mm		男超长舌式鞋楦：跟高 50mm	
部 位 名 称			255（二型半）		255（二型半）	
			尺寸（mm）	等差（mm）	尺寸（mm）	等差（mm）
长度		楦底样长	275	±5	275	±5
		放余量	25	±0.46	25	±0.46
		脚趾端点部位	250	±4.54	250	±4.54
		拇趾外突点部位	224.1	±4.07	224.1	±4.07
		小趾外突点部位	193.5	±3.52	193.5	±3.52
		第一跖趾部位	179.6	±3.26	179.6	±3.26
		第五跖趾部位	156.7	±2.85	156.7	±2.85
		腰窝部位	99.3	±1.81	99.3	±1.81
		踵心部位	40.7	±0.74	40.7	±0.74
		后容差	5	±0.09	5	±0.09
围度		跖围	239.5	±3.5	239.5	±3.5
		跗围	238.5	±3.5	237.5	±3.5
宽度		基本宽度	86.7	±1.3	86.7	±1.3
		拇趾里宽	33.1	±0.5	33.1	±0.5
		小趾外宽	48.5	±0.73	48.5	±0.73
		第一跖趾里宽	35.9	±0.54	35.9	±0.54
		第五跖趾外宽	50.8	±0.76	50.8	±0.76
		腰窝外宽	38.9	±0.58	38.9	±0.58
		踵心全宽	58.7	±0.88	58.7	±0.88
楦体尺寸	跷高	总前跷	41	±0.62	44	±0.67
		前跷	13.5	±0.22	13	±0.21
		后跷高	45	±0.67	50	±0.74
		头厚	22	±0.33	22	±0.33
		后跟突点高	22.4	±0.33	22.4	±0.33
		后身高	75	±1.04	75	±1.04
		前掌凸度	5	±0.09	5	±0.09
		底心凹度	8.5	±0.1	8.5	±0.1
		踵心凸度	3	±0.06	3	±0.06
		统口宽	25	±0.36	25	±0.36
		统口长	102	±1.85	102	±1.85
		楦斜长	271.6	±4.94	270.9	±4.92

表 10-34 男 255 号（二型半）跟高 30mm 高腰鞋楦、跟高 30mm 超长高腰鞋楦设计参考数据

品名			男高腰鞋楦：跟高 30mm		男超长高腰鞋楦：跟高 30mm	
部位名称			255（二型半）		255（二型半）	
			尺寸（mm）	等差（mm）	尺寸（mm）	等差（mm）
长度		楦底样长	270	±5	275	±5
		放余量	20	±0.38	25	±0.46
		脚趾端点部位	250	±4.62	250	±4.54
		拇趾外突点部位	224.2	±4.15	224.2	±4.07
		小趾外突点部位	193.6	±3.58	193.6	±3.52
		第一跖趾部位	179.6	±3.33	179.6	±3.26
		第五跖趾部位	156.7	±2.9	156.7	±2.85
		腰窝部位	99.3	±1.84	99.3	±1.81
		踵心部位	40.8	±0.75	40.8	±0.74
		后容差	5	±0.09	5	±0.09
围度		跖围	246.5	±3.5	246.5	±3.5
		跗围	246.6	±3.6	251.6	±3.6
宽度		基本宽度	89.3	±1.3	89.3	±1.3
		拇趾里宽	34.1	±0.5	34.1	±0.5
		小趾外宽	50	±0.73	50	±0.73
		第一跖趾里宽	36.5	±0.53	36.5	±0.53
		第五跖趾外宽	52.8	±0.77	52.8	±0.77
		腰窝外宽	40	±0.58	40	±0.58
		踵心全宽	60.5	±0.88	60.5	±0.88
楦体尺寸	跷高	总前跷	31	±0.46	32	±0.48
		前跷	16	±0.24	16	±0.24
		后跷高	30	±0.43	30	±0.43
		头厚	20.5	±0.3	21.5	±0.31
		后跟突点高	22.4	±0.32	22.4	±0.32
		后身高	100	±1.44	100	±1.44
		前掌凸度	5	±0.09	5	±0.09
		底心凹度	7.5	±0.09	7.5	±0.09
		踵心凸度	3	±0.06	3	±0.06
		统口宽	30	±0.43	30	±0.43
		统口长	112	±2.08	112	±2.04
		楦斜长	282.5	±5.24	287	±5.22

表 10-35　男 255 号（二型半）跟高 20mm 全空凉鞋楦设计参考数据及底样图实例

部位名称		尺寸（mm）	等差（mm）
长度	楦底样长	260	±5
	放余量	9	±0.18
	脚趾端点部位	251	±4.82
	拇趾外突点部位	225.3	±4.33
	小趾外突点部位	194.8	±3.75
	第一跖趾部位	180.8	±3.48
	第五跖趾部位	157.8	±3.04
	腰窝部位	100.4	±1.93
	踵心部位	41.8	±0.80
	后容差	4	±0.08
围度	跖围	239.5	±3.5
	跗围	247.6	±3.6
宽度	基本宽度	80	±1.3
	拇趾里宽	33.6	±0.50
	小趾外宽	49.3	±0.73
	第一跖趾里宽	36	±0.53
	第五跖趾外宽	52	±0.77
	腰窝外宽	40.1	±0.59
	踵心全宽	59.6	±0.88
楦体尺寸	跷高 — 总前跷	24	±0.37
	跷高 — 前跷	15	±0.24
	跷高 — 后跷高	20	±0.30
	头厚	17	±0.25
	后跟突点高	22.4	±0.33
	后身高	70	±1.04
	前掌凸度	5	±0.09
	底心凹度	6.5	±0.08
	踵心凸度	3	±0.06
	统口宽	26	±0.39
	统口长	102	±1.96
	楦斜长	254.5	±4.89

195

表 10－36　男 255 号（二型半）跟高 35mm 全空凉鞋楦、跟高 30mm 满帮拖鞋楦设计参考数据

品名			男全空凉鞋楦：跟高 35mm		男满帮拖鞋楦：跟高 30mm	
部 位 名 称			255 （二型半）		255 （二型半）	
			尺寸（mm）	等差（mm）	尺寸（mm）	等差（mm）
长度		楦底样长	260	±5	270	±5
		放余量	9	±0.18	20	±0.36
		脚趾端点部位	251	±4.82	251	±4.64
		拇趾外突点部位	225.3	±4.33	225.2	±4.17
		小趾外突点部位	194.8	±3.75	194.6	±3.60
		第一跖趾部位	180.8	±3.48	180.7	±3.35
		第五跖趾部位	157.8	±3.04	157.7	±2.92
		腰窝部位	100.4	±1.93	100.4	±1.86
		踵心部位	41.8	±0.80	41.8	±0.77
		后容差	4	±0.08	4	±0.08
围度		跖围	239.5	±3.5	246.5	±3.5
		跗围	246.6	±3.6	258.7	±3.7
宽度		基本宽度	80	±1.30	89.3	±1.3
		拇趾里宽	33.6	±0.50	34.1	±0.5
		小趾外宽	49.3	±0.73	50	±0.73
		第一跖趾里宽	36	±0.53	36.5	±0.53
		第五跖趾外宽	52	±0.77	52.8	±0.77
		腰窝外宽	40	±0.59	40.7	±0.59
		踵心全宽	59.6	±0.88	61.4	±0.89
楦体尺寸	跷高	总前跷	33	±0.37	31	±0.46
		前跷	13	±0.24	16	±0.24
		后跷高	35	±0.30	30	±0.43
		头厚	16	±0.25	21	±0.30
		后跟突点高	22.4	±0.33	22.4	±0.32
		后身高	70	±1.04	70	±1.01
		前掌凸度	5	±0.09	7	±0.09
		底心凹度	7.5	±0.08	6.5	±0.09
		踵心凸度	3	±0.06	3	±0.06
		统口宽	26	±0.39	26	±0.43
		统口长	102	±1.96	102	±2.08
		楦斜长	253.1	±4.89	267.8	±4.96

第三节　童鞋

常用鞋楦设计参考数据及底样图实例

1. 童素头鞋

童150号（二型）素头鞋楦设计参考数据及底样图实例，如表10-38所示。

童190号（二型）素头鞋楦设计参考数据及底样图实例，如表10-39所示。

童225号（二型）素头鞋楦设计参考数据及底样图实例，如表10-40所示。

2. 童圆口一带鞋

童190号、225号（二型）圆口一带鞋楦设计参考数据，如表10-41所示。

3. 童全空凉鞋

童150号、190号（二型）全空凉鞋楦设计参考数据，如表10-42所示。

童225号（二型）全空凉鞋楦设计参考数据，如表10-43所示。

4. 童高腰鞋

童150号（二型）全高腰鞋楦设计参考数据，如表10-43所示。

童190号、225号（二型）高腰鞋楦设计参考数据，如表10-44所示。

表 10－38　童 150 号（二型）素头鞋楦设计参考数据及底样图实例

部位名称		尺寸（mm）	等差（mm）
长度	楦底样长	160	±5
	放余量	13	±0.48
	脚趾端点部位	147	±4.52
	拇趾外突点部位	131.6	±4.06
	小趾外突点部位	113.6	±3.51
	第一跖趾部位	105.4	±3.25
	第五跖趾部位	91.9	±2.84
	腰窝部位	58.3	±1.80
	踵心部位	23.8	±0.74
	后容差	3	±0.10
围度	跖围	166	±3.5
	跗围	170	±3.6
宽度	基本宽度	59	±1.3
	拇趾里宽	24.6	±0.54
	小趾外宽	36.2	±0.79
	第一跖趾里宽	24.3	±0.53
	第五跖趾外宽	35.1	±0.77
	腰窝外宽	26.8	±0.59
	踵心全宽	40.3	±0.88
楦体尺寸	跷高　总前跷	16	±0.34
	跷高　前跷	8	±0.22
	跷高　后跷高	12	±0.28
	头厚	15	±0.32
	后跟突点高	14.3	±0.31
	后身高	51	±1.08
	前掌凸度	3	±0.09
	底心凹度	2.5	±0.05
	踵心凸度	2	±0.05
	统口宽	17.5	±0.38
	统口长	63	±1.94
	楦斜长	158	±4.97

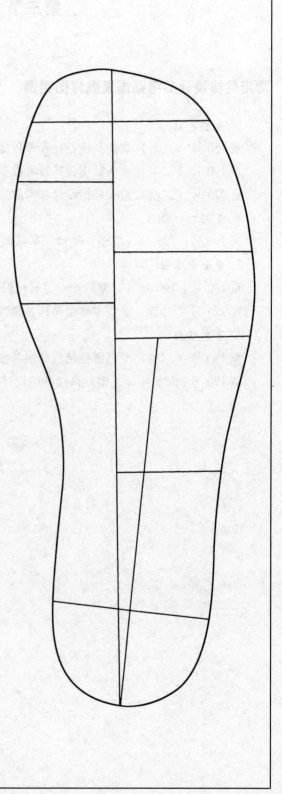

表 10 – 39　童 190 号（二型）素头鞋楦设计参考数据及底样图实例

	部位名称		尺寸（mm）	等差（mm）
长度	楦底样长		200	±5
	放余量		13.5	±0.4
	脚趾端点部位		186.5	±4.6
	拇趾外突点部位		166.8	±4.13
	小趾外突点部位		144	±3.57
	第一跖趾部位		133.6	±3.31
	第五跖趾部位		116.6	±2.89
	腰窝部位		74	±1.83
	踵心部位		30.4	±0.75
	后容差		3.5	±0.1
围度	跖围		194	±3.5
	跗围		198.2	±3.6
宽度	基本宽度		69.8	±1.3
	拇趾里宽		28.1	±0.52
	小趾外宽		41.3	±0.77
	第一跖趾里宽		28.6	±0.53
	第五跖趾外宽		41.2	±0.77
	腰窝外宽		31.4	±0.58
	踵心全宽		47.3	±0.88
楦体尺寸	跷高	总前跷	20	±0.37
		前跷	10	±0.22
		后跷高	13	±0.28
	头厚		16.6	±0.30
	后跟突点高		17.6	±0.32
	后身高		62	±1.05
	前掌凸度		3	±0.08
	底心凹度		2.5	±0.07
	踵心凸度		2	±0.06
	统口宽		20	±0.36
	统口长		75	±1.9
	楦斜长		198	±4.95

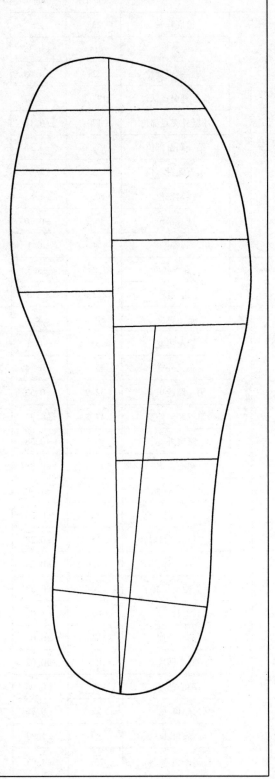

表 10 - 40　童 225 号（二型）素头鞋楦设计参考数据及底样图实例

部位名称		尺寸（mm）	等差（mm）
长度	楦底样长	235	±5
	放余量	14	±0.35
	脚趾端点部位	221	±4.65
	拇趾外突点部位	197.8	±4.17
	小趾外突点部位	170	±3.16
	第一跖趾部位	158.6	±3.35
	第五跖趾部位	138.3	±2.92
	腰窝部位	87.9	±1.85
	踵心部位	36.2	±0.76
	后容差	4	±0.1
围度	跖围	218.5	±3.5
	跗围	222.7	±3.6
宽度	基本宽度	80.2	±1.3
	拇趾里宽	31	±0.5
	小趾外宽	45.7	±0.74
	第一跖趾里宽	32.9	±0.53
	第五跖趾外宽	47.3	±0.77
	腰窝外宽	36.1	±0.58
	踵心全宽	54.4	±0.88
楦体尺寸	跷高 总前跷	24	±0.4
	前跷	12	±0.23
	后跷高	15	±0.28
	头厚	17.6	±0.28
	后跟突点高	20	±0.32
	后身高	68	±1.03
	前掌凸度	4	±0.08
	底心凹度	3.5	±0.07
	踵心凸度	3	±0.06
	统口宽	22	±0.36
	统口长	89	±1.94
	楦斜长	232	±4.93

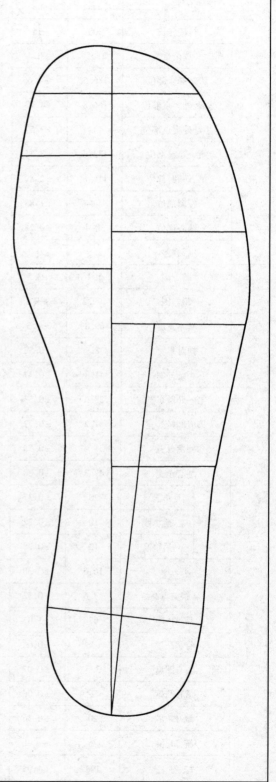

表 10–41　童 190 号、225 号（二型）圆口一带鞋楦设计参考数据

品名			童圆口一带鞋楦		童圆口一带鞋楦	
部 位 名 称			190（二型）		225（二型）	
			尺寸（mm）	等差（mm）	尺寸（mm）	等差（mm）
长度		楦底样长	200	±5	235	±5
		放余量	13.5	±0.4	14	±0.35
		脚趾端点部位	186.5	±4.6	221	±4.46
		拇趾外突点部位	166.8	±4.13	197.8	±4.17
		小趾外突点部位	144	±3.57	170	±3.16
		第一跖趾部位	133.6	±3.31	158.6	±3.35
		第五跖趾部位	116.6	±2.89	138.3	±2.92
		腰窝部位	74	±1.83	87.9	±1.85
		踵心部位	30.4	±0.75	36.2	±0.75
		后容差	3.5	±0.1	4	±0.1
围度		跖围	190.5	±3.5	215	±3.5
		跗围	194.6	±3.6	219.8	±3.6
宽度		基本宽度	68.5	±1.3	78.9	±0.3
		拇趾里宽	26.8	±0.52	29.3	±0.5
		小趾外宽	39.5	±0.77	44.2	±0.74
		第一跖趾里宽	28	±0.53	32.3	±0.53
		第五跖趾外宽	40.5	±0.77	46.6	±0.77
		腰窝外宽	30.8	±0.58	35.5	±0.58
		踵心全宽	46	±0.88	50.5	±0.88
楦体尺寸	跷高	总前跷	20	±0.37	24	±0.4
		前跷	10	±0.22	12	±0.23
		后跷高	13	±0.28	15	±0.28
		头厚	18.5	±0.28	19.5	±0.28
		后跟突点高	18	±0.32	20.1	±0.32
		后身高	62	±1.05	68	±1.03
		前掌凸度	3	±0.08	4	±0.08
		底心凹度	2.5	±0.07	2.5	±0.07
		踵心凸度	2	±0.06	±3	±0.06
		统口宽	20	±0.36	21	±0.36
		统口长	75	±1.9	87	±1.94
		楦斜长	198	±4.95	232	±4.93

表 10－42　童 150 号、190 号（二型）全空凉鞋楦设计参考数据

品名			童全空凉鞋楦		童全空凉鞋楦	
部 位 名 称			150（二型）		190（二型）	
			尺寸（mm）	等差（mm）	尺寸（mm）	等差（mm）
长度		楦底样长	155	±5	195	±5
		放余量	8	±0.33	8.5	
		脚趾端点部位	147	±4.67	186.5	±4.72
		拇趾外突点部位	131.7	±4.19	167	±4.24
		小趾外突点部位	113.7	±3.62	144.2	±3.66
		第一跖趾部位	105.46	±3.36	133.8	±3.4
		第五跖趾部位	92	±2.93	116.7	±2.96
		腰窝部位	58.4	±1.86	74.1	±1.88
		踵心部位	23.9	±0.76	30.4	±0.77
		后容差	3	±0.1	3.5	±0.09
围度		跖围	166	±3.5	194	±3.5
		跗围	172.1	±3.6	200.2	±3.6
宽度		基本宽度	59.4	±1.3	69.8	±1.3
		拇趾里宽	24.6	±0.54	28.1	±0.52
		小趾外宽	36.2	±0.79	41.3	±0.77
		第一跖趾里宽	24.3	±0.53	28.6	±0.53
		第五跖趾外宽	35.1	±0.77	41.2	±0.77
		腰窝外宽	27.3	±0.6	32	±0.6
		踵心全宽	40.3	±0.88	47.3	±0.88
楦体尺寸	跷高	总前跷	14	±0.3	18	±0.34
		前跷	8	±0.17	10	±0.19
		后跷高	13	±0.28	15	±0.28
		头厚	13	±0.28	14	±0.26
		后跟突点高	14.6	±0.31	17.6	±0.32
		后身高	51.1	±1.08	58.1	±1.05
		前掌凸度	3	±0.09	3	±0.08
		底心凹度	2.5	±0.05	2.5	±0.07
		踵心凸度	2	±0.05	2	±0.06
		统口宽	20	±0.38	20	±0.36
		统口长	63	±2.01	76.9	±1.95
		楦斜长	151	±4.93	190	±4.92

表 10 - 43　童 225 号（二型）全空凉鞋楦、童 150 号（二型）全高腰鞋楦设计参考数据

品名			童全空凉鞋楦		童全高腰鞋楦	
部 位 名 称			225（二型）		150（二型）	
			尺寸（mm）	等差（mm）	尺寸（mm）	等差（mm）
长度		楦底样长	230	±5	160	±5
		放余量	9		13	±0.48
		脚趾端点部位	221	±4.75	147	±4.52
		拇趾外突点部位	198.4	±4.27	131.6	±4.06
		小趾外突点部位	171.1	±3.69	113.6	±3.51
		第一跖趾部位	158.7	±3.42	105.4	±3.25
		第五跖趾部位	138.5	±2.98	91.9	±2.84
		腰窝部位	88	±1.9	58.3	±1.8
		踵心部位	36.3	±0.78	23.8	±0.74
		后容差	4	±0.09	3	±0.1
围度		跖围	218.5	±3.5	169.5	±3.5
		跗围	224.7	±3.6	174.6	±3.6
宽度		基本宽度	80.2	±1.3	59.3	±1.2
		拇趾里宽	31.1	±0.5	24.6	±0.5
		小趾外宽	45.7	±0.74	36.1	±0.73
		第一跖趾里宽	32.9	±0.53	24.3	±0.49
		第五跖趾外宽	47.3	±0.77	35	±0.71
		腰窝外宽	36.6	±0.59	26.7	±0.54
		踵心全宽	54.4	±0.88	40.2	±0.81
楦体尺寸	跷高	总前跷	22	±0.36	16	±0.54
		前跷	12	±0.2	8	±0.81
		后跷高	17	±0.28	12	±0.34
		头厚	15	±0.25	15.8	±0.21
		后跟突点高	20.1	±0.32	14.6	±0.3
		后身高	64	±1.03	69.4	±1.43
		前掌凸度	4	±0.08	3	±0.08
		底心凹度	3.5	±0.07	2.5	±0.05
		踵心凸度	3	±0.06	2	±0.05
		统口宽	22.2	±0.36	20	±0.43
		统口长	92	±1.98	70	±2.17
		楦斜长	227	±4.19	168.5	

表 10 - 44　童 190 号、225 号（二型）高腰鞋楦设计参考数据

品名			童高腰鞋楦		童高腰鞋楦	
部 位 名 称			190（二型）		225（二型）	
			尺寸（mm）	等差（mm）	尺寸（mm）	等差（mm）
长度		楦底样长	200	±5	235	±5
		放余量	13.5	±0.4	14	±0.35
		脚趾端点部位	186.5	±4.6	221	±4.65
		拇趾外突点部位	166.8	±4.13	197.8	±4.17
		小趾外突点部位	144	±3.57	170	±3.16
		第一跖趾部位	133.6	±3.31	158.6	±3.35
		第五跖趾部位	116.6	±2.89	138.3	±2.92
		腰窝部位	74	±1.83	87.9	±1.85
		踵心部位	30.4	±0.75	36.2	±0.76
		后容差	3.5	±0.09	4	±0.09
围度		跖围	197.5	±3.5	222	±3.5
		跗围	202.7	±3.6	227.2	±3.6
宽度		基本宽度	69.6	±1.2	80.2	±1.3
		拇趾里宽	28.1	±0.48	31.1	±0.5
		小趾外宽	41.1	±0.71	45.7	±0.74
		第一跖趾里宽	28.5	±0.49	32.9	±0.53
		第五跖趾外宽	41.1	±0.71	47.3	±0.77
		腰窝外宽	31.3	±0.54	36.1	±0.58
		踵心全宽	47.1	±0.81	54.4	±0.88
楦体尺寸	跷高	总前跷	20	±0.37	24	±0.4
		前跷	10	±0.22	12	±0.23
		后跷高	13	±0.29	15	±0.28
		头厚	17	±0.3	18.1	±0.28
		后跟突点高	17.6	±0.31	20	±0.32
		后身高	77.8	±1.38	83.6	±1.32
		前掌凸度	3	±0.08	4	±0.08
		底心凹度	2.5	±0.06	3.5	±0.07
		踵心凸度	2	±0.06	3	±0.06
		统口宽	22	±0.41	22	±0.41
		统口长	87.3	±2.16	102.3	±2.16
		楦斜长	210	±5.21	244	±5.15

参考文献

［1］郑秀瑗，等．现代运动生物力学［M］．北京：国防工业出版社，2002．

［2］轻工业部制鞋工业科学研究所．中国鞋号及鞋楦设计［M］．北京：轻工业出版社，1984．

［3］杭雄文．足部发射区健康法学习手册［M］．南京：江苏科学技术出版社，1998．

［4］张发慧，郑和平．足外科临床解剖学［M］．合肥：安徽科学技术出版社，2003．

［5］毛宾尧．足外科［M］．北京：人民卫生出版社，1992．

［6］梁世．皮鞋楦跟造型设计［M］．北京：中国轻工业出版社，1993．

［7］诸炳生．皮鞋春秋［M］．北京：轻工业出版社，1987．

［8］苏曾年．皮鞋生产设备［M］．北京：轻工业出版社，1987．

［9］雷诺著，汪葆卿，译．制鞋工艺学［M］．北京：轻工业出版社，1986．

［10］孙毅，丘理，等．鞋楦设计教程［M］．北京：中国轻工业出版社，2011．

附录一 鞋楦设计常用词中英文对照

A

abduction of foot 足外展

abnormal foot 畸形脚

accessory 附件；辅助设备

across of last 鞋楦宽度

across thread 横穿线、交叉线；横切线

actual sample of last 鞋楦实样

adult foot 成人脚

aluminum 铝楦

American size 美国鞋楦号码、标度

Anatomical studies 解剖学研究

angle for cutting the last tore 鞋楦前尖切削角

angle of pitch 鞋楦后跷角

angle of seat base 鞋楦后跟部楦底曲线角度

ankle 踝关节

ankle bone 踝骨

ankle curve 上口线；踝围弧线

ankle girth 踝围长；脚腕围长

ankle line 踝线

ankle section 胫骨、外胫，小腿

anthropometry 人体测量学

apparatus for foot copies 量取脚印装置

the last appearance 鞋楦外形

arch 足弓

arch cookie 足弓垫

arch spring 足弓高度

arch support 足（平足）弓垫

arched foot 高弓足

arches of the foot 正常足弓

art of making shoe 鞋楦制作艺术

artificial foot 人造仿真脚

assortment sizes 鞋号分档

astragalus's（talus）距骨

asymmetrical last 不对称鞋楦

athlete's foot 足癣

average fitting 鞋楦中间型

average normal foot 正常脚

B

back cone 楦后身

back cone height of last 楦后身高度

back cone top plane 楦统口平面

back cone top plane width 楦统口宽度

back of foot 脚背

ball 第一跖趾关节部位，楦底内怀最突点

ball break of last 楦前掌底部着地点

ball girth 跖趾围长

ball of foot 拇趾肉球部

ball portion 跖趾部位

balloon last 球形包头

base line 基线

base plane 基础平面

basketball sneakers last 篮球鞋楦

bearing stress 支承应力

bearing surface 楦底着地面

beechen last 水青冈木鞋楦

bench knife 修楦刀

big toe 拇趾

block last 整体鞋楦

body of the last 楦体

bone of foot 足骨

bony foot 瘦型脚

boot last 鞋（靴）楦

boot tree 扩肥楦；楦撑

boot – treeing machine 排楦机

bottom centerline of last 楦底部中心线

bottom feather line of last 楦底样轮廓线（楦底边缘线）

bottom line 底盘线

bottom of last 楦底；鞋楦底盘

bottom of plate form 平板；楦底（板）盘

bottom plate 底板；楦底盘

bottom width of last 楦底面宽度

Bradley's machine 布拉德里氏机（鞋楦测量装置）

BS（British Standard last）英国标准楦

C

calcareous（oscalcis）跟骨

calf girth 腿肚围长

callosity 老茧

cane 鞋拔

cardboard 卡片；卡板

cartilage 软骨

casting model last 铸塑用标样楦

center line of a last 楦面中线；背中线

centerline plane of last 楦中心线（轴线）平面；鞋楦轴向最大断面线

center line of last 鞋楦中心线

charm last 榆木楦

children's size 童鞋楦底样尺寸

circular hinge last 圆形铰链（弹簧）楦

classic last 传统式鞋楦

club foot 畸形脚

comb 楦盖；楦（跗）面

comb last 活动盖楦

combination last 组合楦

cone 楦后身；锥体，锥形

cone last 活盖楦（可拆盖式鞋楦）

cone top surface of last 楦统口表面

cone top surface outline 楦统口边缘

copped 尖头楦；锥型楦

cordwainer 制鞋工人

cross section 横切面

cuboids（bone）骰骨；鞋楦外腰曲线

cuneiform（bone）楔骨

D

datum frame 脚型或鞋楦测量设备

depth of last 鞋楦底心凹度

dismounting from last 拔（脱）楦

distal phalanges 远侧趾骨

distort foot 畸形脚

E

easy exit last 易脱楦

end of the most prominent toe 脚趾端点

English foot 低跗面脚

English last 低跟长鞋脸楦

exhibition last 鞋撑；标样楦

extended last 超长楦

extent 鞋号

external ankle (bone) 外踝骨

F

fether 鞋楦侧面外凸部位

feet 足

fellow last 鞋楦配对

femur 股骨

fibre last 纤维材料楦

fibula 腓骨

file 锉；锉平

fin 鞋楦边楞

finishing last 修饰楦，整饰楦

finishing last machine 细刻制楦机

fit a foot 服脚；合脚

footprint 脚印模

fitted up last 配楦；配制楦

fitting block 楦坯

flat arch 平足弓

flat foot 平足

flat last 平板楦；低（脚）弓楦

folding last 弹簧楦

foot anatomy 足解剖学

foot data 脚型数据

foot form 脚印模

foot impression 脚印

foot measurement 脚的测量

foot measuring device 脚型测量器

foot pitch angle 脚的倾斜角

foot survey 脚型调查

foot tape measure 量脚卷尺

foot treadle 踏板

foot valve 脚阀

football boot last 足球鞋楦

foot gauge 量脚器

footing 立足点

foot's length 脚长

footstep 楦底盘（脚印盘）

form 鞋撑；鞋楦展开图

front cone 楦背，楦面

front cone height 楦统口前部高度

front cone profile 楦背部侧视图

front lines 鞋楦背中线；鞋跟跟口线

full iron bottom 全铁片楦底

G

gage 挡板；测厚计

gait laboratory 步态实验室

gap spring last 弹簧楦

gauge 测厚；定厚

gelont last 老人鞋楦

gent's last 男鞋楦

geometric last 几何分级鞋楦

girth 跖围

girth allowance 围长误差量

girth group 围长系列

girth measurement 围度测量

good clip（与木楦的统口）吻合

good pattern 好的楦型（款式）

graded last 分级鞋楦（用于复制扩缩号的鞋楦）

grading model last 扩缩标样楦

graduation of lasts 楦码

grater 粗锉刀

group of sizes 鞋号系列

gusseting 装配鞋楦盖

H

half iron bottom 半铁片楦底

hallux rigidus 僵硬足

hallux（big）toe 足拇趾

hallux valgus 外翻足

hardwood 硬木

harmless last 没损坏的（旧）鞋楦

harsh 粗糙的鞋楦

health shoe's last 健身鞋鞋楦

heel 鞋楦后跟部

heel bone 跟骨

heel centerline 楦底分踵线；跟座中心线

heel curve 鞋楦后弧线

heel elevation 后跟高度

heel girth 兜跟围长

heel plate 鞋楦后跟金属板

heel point 楦底后端点

heel – to – toe line 内底中轴线

height of arch 脚弓高度

high arched foot（arched – foot）高弓脚；高跗面脚

hind shank 后肢

hinged split mold 弹簧楦

hollow metal last 空心金属楦

hydraulic last releasing machine 液压拔楦机

I

inner ankle 内踝（骨）

inner longitudinal arch（脚的）内纵弓

inner side of foot 脚内侧（怀）

inside of the foot 脚内怀

inside of the last 鞋楦内怀

inside of the shoe 鞋内怀

inside profile of the last 鞋楦内侧投影轮廓

instep 鞋楦盖

instep girth 跗围

instep insole 弓形垫，平足矫正垫

instep measuring 背中线

instep measuring 测量跗围

instep point 跗背点

intermediate cuneiform bone 第二楔骨；中间
楔骨

iron foot（last）铁楦，金属楦

inside waist 腰窝内侧

instep 脚背；跗面

J

jack hole（鞋楦上的）接孔，套孔

Japanese size 日本鞋号

joint girth 跖围

joint line 跖趾关节斜线

joint measuring 跖趾部位测量数据

joint position 跖趾连接部位

jointed 关节

L

last 鞋楦

last block 楦坯

last body 楦体

last bottom 楦底盘

last bottom centre line 楦底中线

last bottom plate 楦底金属板

last designer（modeler）鞋楦设计师

last extractor 拔楦机

last fixing system 固定鞋楦装置

last girth 鞋楦围长

last grading 鞋楦扩缩

last graduation 鞋楦等差

last inserting machine 装楦机

last instep 鞋楦跗面

last – making department 制楦车间

last number 楦编号

last peg 脱楦棒；定位棒

last pin or peg 楦栓

length of run 运转时间

length of the circumference 围长

ligaments 韧带

little – high heel 低跟楦

little toe 小脚趾

lofty arch 脚的高弓

long heel girth 长兜跟围

long heel plate 长跟铁片楦底

longitudinal arch 脚纵弓

longitudinal section 纵剖面

low – arched foot 低弓脚，低跗面脚

low instep walking girth 前跗骨围长

M

machine – made last 机制鞋楦

machine – turned last 机刻鞋楦

made to measure 定制

maids' sizes 少女鞋号

malleolus 踝骨

master model last 标样楦

measurements of a foot 脚的测量值

measuring apparatus 脚型测量仪器

measuring apparatus of foot 脚型测量器

measuring points of the last 鞋楦测量点

men's size 男鞋号

metal last 金属楦

metatarsal arch 脚横弓

metatarsal bone 跖骨

metatarsus 跖趾关节

metering 计量

mid – waist 腰窝中点（楦底样长度 1/2 处）

middle of the last 鞋楦中线

middle phalanges 中趾骨

middle toe 脚中趾

misses shoe（少）女鞋

misses size（少）女鞋号

misshapen foot（club – foot）畸形足

model tracer 鞋楦测量仪

Mondo point 世界鞋号

Mondo point system 世界鞋号制

Munson last 美国陆军鞋楦

Muscle 肌肉

N

nameless toe 无名趾

narrow（ – toe）last 尖头楦

national standard 国家标准

normal foot 标准（典型）脚型

nucleus 鞋楦体

nucleus – line 鞋楦的基线

nude side 赤脚尺码（寸）

O

original model last 原标样楦

orthopedic 矫形术

oscalcis 跟骨

outer ankle 外踝骨

outer longitudinal arch（脚的）外纵弓

outside joint 外踝骨

outside joint position 外踝突点

outside of the foot 脚的外侧（外怀）

outside of the last 鞋楦的外怀

outside profile of the last 鞋楦外侧面轮廓

outside waist 腰窝外侧

P

Patella 膝盖骨

pes cavus（arched or humped foot）足弓隆起

pes planus（flat foot）鸭掌足（平底足）

pes valgus 外翻足

phalanges 趾骨

pimpling 粗糙度

pitch of last 鞋楦后跟倾角

plantar 脚底的

plantar（足）底弓；腰窝

plantar surface 脚底面

plantoris 脚底

plastic 塑料鞋楦

plate （鞋楦上的）金属薄板

plate the last 装楦底铁板

plated last 嵌铁皮鞋楦（钉钉绷帮用鞋楦）

plated seat 带金属板的鞋楦跟部

plating 楦底板

pneumatic last putting machine 气动装楦机

pneumatic last slipping machine 气动拔楦机

pneumatic tree 气动压型楦

pointed last 尖头鞋楦

powdering device （鞋楦的）喷粉装置

presser bar 压脚掌

protector of last heel portion 鞋楦后跟护皮

protractor 量角器

protuberance 凸度

proximal phalanges 近侧趾骨

pull out the last 脱楦

PVC last　PVC 鞋楦

Q

Quarter 小腿

quarter iron bottom 1/4 铁皮楦底

R

range of last 鞋楦底盘线；楦底边线

rang of lasts 鞋楦尺寸系列；楦号系列

range of sizes 鞋号系列

rasp 粗木锉刀

raspier 锉刀

rasping tool 锉具

raspy 表面粗糙的

rebate （鞋楦的）棱；减少；折扣

ridge 楦脊

right last 右脚楦

rise 鞋楦加肥垫片

roughing last machine 磨楦机

round fitting 在木楦上预配帮件

round toe last 圆头鞋楦

S

sabot 木工锉刀

scaphoid 舟状骨

scoop block 楦盖

scoop block last 活盖鞋楦

seat of the last 楦底后跟部

seat pattern 底样

seat plated last 后跟底面镶铁片的鞋楦

second toe 脚的第二趾

semi – sole 前掌

separate last 分体式鞋楦；分节楦

shank 勾心

shank bones 胫骨

shank width 鞋腰窝宽度

shaped to the foot 符合脚型

shaped waist 成型腰窝部位

shell 鞋楦侧面展开

shim 楦盖

shoe – fitting apparatus 脚型测量

shoe born 鞋拔

shoe last 鞋楦

shoe lengthener 矫形鞋楦

shoe making last 鞋楦

short heel girth 短兜跟围

shrinkage fixture 收缩楦

size & last 鞋号及鞋楦

size measuring （脚型楦型等的）尺寸测量

size numbers 鞋楦尺码

size ranges 鞋号分档

size stick 尺码测量器

size system 鞋号制

size up 测量尺寸；鉴定

size scale 鞋号码；尺码范围（系列）

size set 成套尺码

slide gauge 游标卡尺

slip last 出楦

sole joint 跖趾关节部位

sole of the foot 脚底

sole of the last 楦底

solid last 整体楦

square last 方头鞋楦

stand of the last 楦架

standard foot 标准脚

standard last 标准鞋楦

static pressure 静压力

stick length 楦全长

stout shoe last 肥脚型鞋楦

straight last 直楦（不分左右脚）

stylist's last 设计师用鞋楦

surgical shoe 矫形楦

sweaty foot 汗脚

symmetric last 对称楦

T

tab sole 前掌

tack – proof on the last 伏楦

talipes 畸形脚

tapered toe last 尖头楦

tarsus 跗骨

terms of last 鞋楦术语

thimble 楦的定位套

thimble location 楦的定位套位置点

tibia 胫骨

tip of the last 鞋楦前头

toe 鞋（包）头；脚趾

toe bones 趾骨

toe bottom shape 楦底前端形状

toe – end 脚趾尖端

toe end 趾端；鞋头；楦头

toe – end of the last 鞋楦前尖

toe spring 前跷；前跷角

toe – to – heel line （鞋楦或鞋底）轴线

top of the last 楦统口

transverse arch 脚横弓

transverse strain 横向应力

tread point 着地点

tread region 着地部位

treadmill 跑步实验机

tree foot 保型楦；鞋撑

two – third of the standard last 2/3 标准楦（后身）

V

veldtshoen last 压条鞋楦；凉鞋楦

W

waist girth 腰窝围长

waist measuring 腰窝围长的测量

waist of foot 脚的腰窝部位

waist of the last 鞋楦腰窝部位

waist outline 腰窝外形（轮廓）

waist width 腰窝宽度

wall 楦墙，底墙

warp 跷度；曲跷

warp age 曲跷；跷度

warping 曲跷处理

weak foot （脚弓塌陷的）畸形脚

wedge – shaped bone 楔骨

welted last 沿条鞋楦

width 宽度、肥度

width girth （沿最凸点的）脚围长，跖围长

width measuring 鞋楦肥度测量

women' last 女鞋楦

wood pattern 木模；楦型

wood rasp 木锉

wooden last 木楦

附录二 皮鞋各部位名称

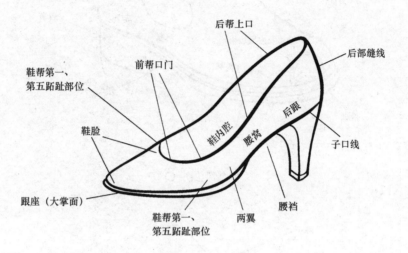

皮鞋部位图（1）

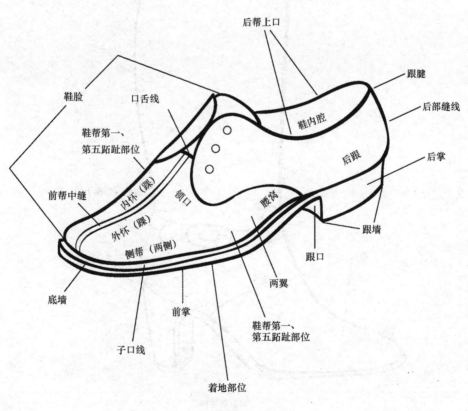

皮鞋部位图（2）

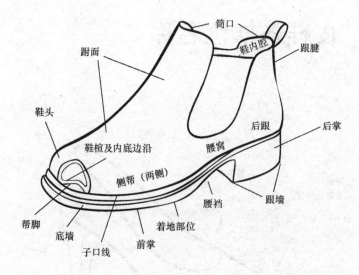

筒口

蹯面   鞋内腔   跟腱

鞋头   后跟   后掌

鞋楦及内底边沿   腰窝

侧帮（两侧）   跟墙

帮脚   着地部位   腰档

底墙   跟墙

子口线   前掌

皮鞋部位图（3）

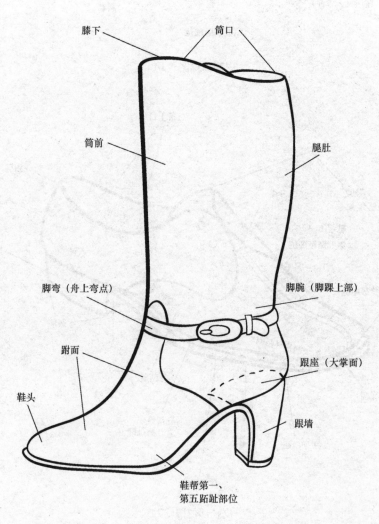

膝下   筒口

筒前   腿肚

脚弯（舟上弯点）   脚腕（脚踝上部）

蹯面   跟座（大掌面）

鞋头   跟墙

鞋帮第一、
第五跖趾部位

皮鞋部位图（4）